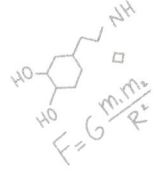

讓你變聰明、變強大的宇宙自然法則

# 物理才是最好的人生指南

## Physics for Rock Stars:

Making the Laws of the Universe Work for You

克莉絲汀・麥金利 Christine McKinley 著

崔宏立 譯

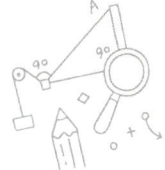

獻給查克

# 目　錄

# 作者的叮嚀

爲了保護朋友與老師們的隱私，本書所提到的人名皆爲化名，不過他們做過的這些事倒是一點不假。

另外，很明顯的，書中所提到的許多實驗和場景都具有危險性，而我也知道各位必定有足夠的智慧，知道自己不該貿然嘗試。感謝大家這麼以自己的安全爲唯一考量。

推薦序

# 物理也有濃濃的人間味

高崇文

自從 108 課綱施行之後，高中物理的教學鐘點大幅縮水，而在臺灣升學考試中，物理的分量也早就大幅減少，所以我們也常在校園內外聽到質問的聲音：學物理要幹嘛？

《物理才是最好的人生指南》這本書正好回答這個說來一言難盡的大哉問。

這本書並不是專業的物理學家，而是美國的一位作家、音樂人，也是一名機械工程師，還是歷史頻道最受歡迎節目《Brad Meltzer's Decoded》的主持人。在過去 20 年的工作生涯中，她曾參與電力生產、工業技術以及商業建造等重大工程的經驗，由這樣背景的人來說明讀物理有什麼用，顯然要比由象牙塔裡的物理教授來得有說服力多了。

## 用獨特的視角，切入大家都熟悉的內容

全書分成二十一個章節，大部分的章節當然都是一特定的物理現象或定律當作主題，像是真空、能量守恆定律、原子鍵

結、理想氣體定律、萬有引力、動量、浮力、波動等國中就教過的物理內容，作者講起這些大家應該都很熟悉的內容，卻總可以找到獨特的視角，讓人覺得十分新鮮，像是講到眞空時，作者提出跟大氣壓力對賭這麼有趣的梗；講到位能的時候，舉出的例子竟然是《嗶嗶鳥》卡通；更好笑的是，講到原子鍵結和週期表的時候，作者想到的是當年爲了多認識男生，跑去修化學課，結果化學老師把原子鍵結和週期表講成高中校園的男女交往的眉眉角角，實在是超有梗的。

除了這些比較基礎的科學常識之外，作者也把高中才會學到的物理，像是熱力學第二定律、電磁力、相變，甚至是測不準原理、相對論還有四大基本作用力，都放到這本書的後半部。雖然主題相較前半部算是比較高深，但是作者還是輕鬆以對，總能找到饒富趣味的方法來介紹這些材料。

像是海森堡的測不準原理，作者先是中規中矩地介紹完之後，最後卻扯上「最佳約會策略」——「如果你想吸引某人注意，試試像個電子一樣，讓其他人覺得你的行爲難以捉摸；只讓他們知道你在哪裡，可是不知道你在幹嘛，或是反過來也行。」這實在是令人腦洞大開！

當然作者也了解大家喜歡聽故事，所以講到電磁力的時候，作者就把愛迪生與特斯拉的龍爭虎鬥講得淋漓盡致。這場電流大戰雖然是特斯拉得到勝利，但是他的晚景淒涼，反倒是愛迪生享盡榮華富貴。作者還特別意味深長地說：「我希望可以用愛迪生和特斯拉的故事來提醒大家，不管自以爲有多聰明，一定有人更聰明。那個人也許穿著奇裝異服、帶著奇怪口音、沒多少朋友，還有強迫症，每次吃飯前都要用三條白色餐巾把銀製餐具擦三次。」世間的悲喜成敗，讓物理也染上濃濃的人間味，正是本書的魅力來源之一。

## 讓學生有一套理性防身術

然而我最喜歡的還是第三章〈數字不但實用，還很優雅：數學不是用來害怕的〉。我們常遇到學生反應說很喜歡物理，但是看到數學就卻步了，多可惜！其實物理的數學是很實用的數學，比起二十世紀以來，講究嚴謹的數學不同，現代物理的數學大多是十八、十九世紀發展出來的數學，那個時代，大數學家往往就是大物理學家，他們爲了描述物理現象發明出合用的數學工具，像是尤拉、拉格朗日、拉普拉斯等人都是如此。

數學之於物理就好比音符之於音樂，好的演奏家拉出悅耳的樂曲，都是音符組成的，但是音符不等於樂曲。簡單地講，數學只是「把想法化成數字」罷了，但是在臺灣的升學競爭壓力下，刁鑽的考題成了數學的代名詞，符合理性的思考方式反而被棄在一旁，眞是暴殄天物呀！

第十二章的〈讓宇宙定它的規矩〉則是在挖苦現代社會屢見不鮮的宗教騙子，他們誇誇其談宇宙間的眞理，卻無法拿出一套符合理性思考的說詞來說服信眾，我想中學的科學教育最大的價值就是讓學生有一套理性防身術，在四周的詐騙猛獸環伺下能全身而退，不會輕易上當。

就像作者在後記中自述在遭逢人生劇變時，她對自己說：「所以妳需要有個能『百分之百確定』的東西。認眞學習、了解世界的構造和作用力，因爲當妳必須勇敢、堅強、聰明的時候，需要有個堅實穩固的踏腳石。即使妳不會成爲工程師或科學家，還是要學著像那些人一樣思考。」尤其在現在這個資訊爆炸，但是網路上充斥的資訊往往玉石混淆，甚至淪爲特定勢力獵場的混沌世代中，我們尤其渴望有一個能夠指引我們的可靠依據。

這本書雖然行文輕鬆詼諧，但是它的訊息既嚴肅又切中時弊，我個人非常推薦它，特別是還在就讀中學的年輕朋友們。

（本文作者爲中原大學物理系教授）

推薦序

# 從邏輯思維到科學素養

簡麗賢

〈大學念什麼科系最不後悔？〉——閱讀《物理才是最好的人生指南》的期間，朋友傳來這則新聞報導，根據人力銀行「校系明燈圖鑑」的調查結果，面對「如果重來一次，是否還會念同樣科系」的提問，物理系學生反映出對自身所學的高度認同，讀完大學、研究所後進入職場，「最不後悔的科系」前四名依序是物理學、醫學、心理學和電機學系，逾七成二物理學系畢業的過來人滿意選擇物理學系，不後悔選擇。

統計資料顯示，逾六成物理系所畢業學生確實投身科技領域，顯示市場對這類人才的高度需求。人力銀行分析，數理學科被譽爲自然科學的根基，在人工智慧、機器學習和大數據盛行的此時，乃至傳統產業自動化改革，都亟需具備數學物理背景的專業人力，投入數據分析與系統建模等工作，基礎科學訓練帶來的邏輯思維與問題解決能力，把知識轉化爲專業優勢，是打開多元出路的關鍵。這本書的內涵竟與「大學念什麼科系最不後悔？」的關鍵能力不謀而合，彼此呼應。

究竟出版社的好書《物理才是最好的人生指南》，是一本引導讀者以物理學概念思考生活情境的書籍，引導讀者思考的邏輯思維恰呼應目前台灣中學教育課綱的關鍵名詞——科學素養。簡言之，閱讀《物理才是最好的人生指南》即是培養科學素養，以物理思維成爲理性思考的公民。理性思考的能力是哲學，哲學是物理學的前身，物理學強調思考脈絡，有脈絡才能構成合理的論述，才不會道聽塗說和人云亦云。

物理學博大精深，從克卜勒、伽利略、牛頓、惠更斯、法拉第、安培、馬克士威等物理學家的科學思維，一直傳至普朗克、愛因斯坦、波耳和德布羅意等人對近代物理學的創新思維，既有古典物理學的深厚基礎，更有突破而不落入窠臼的新創見新發現等，構成科技發展的基石。

今年是國際量子科學與技術年，簡稱爲國際量子科技年，也是量子力學發展一百週年，中華郵政推出一套四張的量子力學紀念郵票，紀念普朗克爲黑體輻射提出「能量不連續」的量子化概念、愛因斯坦光量子論、波耳氫原子理論、德布羅意物質波理論的波粒二象性、薛丁格理論及量子糾纏等，爲新的量子科技展開新紀元。

本書以生活中的物理現象旁徵博引，引導讀者審視不同的科學思考，跳脫既有窠臼，值得一讀。例如書中提及用科學方式描述「彈性位能」，弓箭、彈射器、橡皮筋和彈簧等，會在「力量逼迫時脫離最舒適的姿勢」，當它們彈回原有位置並損耗彈性位能時，把箭射出而飛越城牆，說明能量間的轉換形式。

書中指出物理定律能引導讀者在一團混亂無序的世界裡，保有堅貞的立足點，立穩腳跟，咬定青山不放鬆，在令人眼花撩亂的眾多選項中，千磨萬擊還堅勁，站穩腳步思索新方向。例如運用克卜勒行星運動定律理解圍繞太陽公轉的行星遵循何種規則，進一步運用在個人生活的思維，這應是古人所說的「天行健，君子以自強不息。」水沸騰變成水蒸氣的過程中，需要提供潛熱，這段過程中溫度並不會瞬間升溫，提醒讀者在人生不同階段轉換時要有耐心，好比冰融化成水，水汽化成蒸汽的過程，需要一小段沉潛的時光，需要耐心等待，才能改變狀態。基本的能量定律、重力定律、熵、運動定律等物理概念提供讀者既美好又有組織的決策架構，還能安住人心，知道人生並不全然是機率遊戲。

這本書觸及的物理主題多，談到飛機飛行時的四個主要作用力重力、升力、阻力以及推力，必須時時達到平衡，才能成功飛上天。物理學家研究飛機飛行時需要有升力才能飛，此升力涉及瑪格納斯效應和白努利定理的複雜概念；因有引擎推進力才能往前，因重力作用才能落地，因空氣阻力才能減慢速率而停下來維持穩定。

至於接觸面的粗糙度，與接觸面的摩擦係數有關，這本書指出達文西是最先發現摩擦係數的人之一。摩擦力涉及更細微的電磁力作用，甚至討論接觸面的正向支撐力，從量子效應的角度探討，涉及包立不相容的概念。從生活中的物理學出發，鋁、鑄鐵、玻璃、木頭、冰塊、皮革和麻繩等，皆有讀者想像不到的接觸面摩擦係數，處處都是摩擦力，沒有摩擦力，行不得也。

此外，它還爲讀者勾勒出科學方法，書中的科學老師詮釋：提出問題、搜尋背景資料、建立假設、用實驗驗證、分析結果、下結論和發表成果等。這些科學方法正好呼應臺灣的課程綱要「自然科學的探究與實作」的四大向度「發現問題、規畫與研究、論證與建模、表達與分享」，可說異曲同工。

閱讀這本書不僅獲得閱讀的樂趣，也能獲得運用科學方法釐清問題的啓發。面對數位資訊發達，如何在紛至沓來的訊息中不迷惑，保有邏輯思維和科學素養至關重要。科學強調不固執己見、不盲從附和、不迷信權威，一切端視依循的脈絡和客觀事實，做爲判斷標準；並能抱持謙沖自牧的修養，以科學思考爲主軸，相信更能拓廣視野。

《物理才是最好的人生指南》從生活中取材，以淺顯易懂的語言描述科學概念，融入科學家的思維，物理在生活中，生活中有物理，値得閱讀。

（本文作者爲北一女中物理教師）

# 各界推薦

物理學，或更廣義地說，理解世界的工具，可以分爲理論和實踐兩大領域：理論物理學家專注於提出新概念並推演定律，而實踐物理學家則透過設計實驗來檢驗這些理論的眞實性。然而，很多時候人們會忽略，若要眞正理解世界，理論與實踐的結合是至關重要的。

其實更重要的是，如果你能夠善用並習慣物理學的思維方式來看待問題，許多原本難以理解的事物將變得簡單而明瞭——就像大自然不喜歡眞空，低處總是充滿雜音。這本書正提供了一個寶貴的指南，幫助你培養清晰且有系統的思維方式，洞察事物背後的秩序與意義。

誠摯推薦給你，這本書將帶來深刻的啓發。

——成大教授、暢銷書《自己的力學》作者／洪瀞

多年之後，你偶然回想起在中學階段學習過的物理，我敢大膽預言，那些公式與定律在你心中殘存的印象應該只會是曾經的、惱人的應付考試的東西。

但是，請相信我，我們會覺得物理無聊難搞，都只是因爲

我們在不對的時間，以不對的方式遇到物理而已（人生其他的遺憾何嘗不是如此），所以請再給自己一次機會吧！透過本書作者的介紹，讓你與物理學中的那些最偉大的思想眞正相遇，然後再告訴我物理會不會比占星更適合做爲你的人生指南。

——臺中女中物理教師／陳正昇

這本書絕對是「打破迷思」的最佳示範！很多人以爲科學會把事物搞得死板無趣，其實恰恰相反。當你懂得用物理的眼光看世界，連喝飲料、談戀愛，甚至面對人生的混亂，你都能發現別人看不見的樂趣與智慧。物理不是限制你的框架，而是開啓「多重享受模式」的鑰匙。學會物理，才能眞正「享受這個世界的運作方式」——畢竟，連宇宙都乖乖照著物理定律走，你怎麼能不來點物理視角，讓人生更加順暢有趣？

——中原大學物理系教授、

《量子熊》科普頻道主講／許經夌

本書是非常非常難得的科學普及讀物，它完全不以物理新知介紹爲目的，而是大辣辣地講解高中物理學。

近三十年來，科普經典多半以宇宙物理、生命科學，乃至考古學以及演化論的進展前沿爲主題，手法則是圖文並茂，處處挑動讀者的視覺美感經驗。儘管如此，本書至少在兩個方面上，表現得精采絕倫，其一作者對高中物理學的論述與說明，十分貼近高中學生（尤其是女生）的生活經驗，其二則是用字遣詞非常「在地」，彷彿就是對著一群姊妹淘，在講一些貼心私密的悄悄話，鼓勵她們在令人眼花撩亂的眾多選項中尋找方向時，物理定律或許就是可以站穩腳步之所在。

——臺灣師範大學數學系退休教授／洪萬生

引言

# 沒有比物理更好用的人生模型

物理是最迷人的科學。當然，你可以說生物學都在講傳宗接代的事情，而化學則光是名字就夠讓人臉紅心跳，但如果講到宇宙的指導原則，那非物理學莫屬：好比運動、能量、重力和熵等定律的確主宰了一切，一點都不誇張。它們不但勝過其他定律，還預示了其他活動。物理學迷人之處就在於此——牢牢掌控一切。

和物理站在同一陣線是件保證值得的事。如果把運動、能量、重力等基本定律運用在生活當中，不但可以變得更聰明、更成功，而且還會更漂亮。這一點我再清楚不過。假設你本來就是個可愛又聰明到不行的人，你可能會覺得自己已經夠好，但物理還是可以幫你達成目標。徹底理解物理定律，不僅有助於進行無懈可擊的高空跳水、第一次在火車車頂上打鬥，也有助於養成平衡且合理的個人生活——嗯，我保證。

如果你不覺得現在的自己特別聰明、成功或迷人，值得信賴的物理定律一樣對你大有助益。它們會提供你穩固而安全的落點，並保證你能找出人生的目標、勇敢追尋。

眞正的安心、優雅以及成功，就是以此爲開端。我對物理學的信仰來自經驗。物理學的定律引導我，從一名神經兮兮的七年級小朋友（而且還吸著沒濾嘴的駱駝牌香菸，像個焊接工人一樣髒話連連），搖身一變成為工程師、作家、電視節目主持人，以及音樂人。

我完全能夠理解你高中或大學時不想念物理的心情。那是個十分忙碌的階段，除了要適應不斷變化的身體，還要學很多生活技能，像是如何計算複利、學開車，以及接吻，很難留一點空間注意物理課。就算你很認眞上課，老師講的當然也和你的目標沒什麼關係：想當個鼓手、密探，或伸展臺上的時裝模特兒。你並不知道，物理定律可以幫你做好從事任何職業的準備，即使是就業輔導室櫃檯上那些宣傳單沒列出來的職業也行。

## 愛上科學永不嫌遲

如果有吸引人的角色典範，科學、數學還有工程，就會成為年輕學子選擇科學相關職業的強烈動機。我很幸運，遇上一位有著雲遊四海、宣教傳道般熱情的老師。就算你錯過機會，沒遇上一位愛好物理學的良師，也還不算太晚。可讓人崇拜、模仿、學習的科學家並不算少。

第一位也是最重要的，當然是愛因斯坦。他周遊列國，對法西斯主義者及宗教狂熱分子提出質疑，而且還是個情聖。接下來要提到的科學家你未必全部認得，不過物理學界的其他巨星也跟愛因斯坦一樣酷。堅決獨立思考的伽利略、嗜用鴉片的牛頓、叛逆的居里、愛逗人笑的理察·費曼，以及留下可愛嘟嘴照片的波耳。這些人可能沒那麼有名，可能沒得過諾貝爾獎，也可能單純因爲才華洋溢又專注工作而有太多年輕情人。我認爲他們是成功人士，因爲他們明瞭物理定律，而且在生活的每個層面都奉行不渝。他們知道，宇宙的劇本早就詳細寫好，並且將熱情全部投注於研究這份劇本。

這麼一來，你就可以更努力地效法這些了不起的天才，而我會協助你理解物理定律，並運用在生活中。我在每一章都會解釋一個物理概念，用的是我高中時代那些超棒的怪咖老師傳授的方法，也就是聖若瑟修女會創辦的天主教女子學校——卡倫德萊高中的老師們。接下來，我會讓各位看到如何在生活中實踐這些概念，不論你是搖滾巨星、密探、狙擊手，或是競速滑輪賽的 MVP。我有這個資格，因爲我是個機械工程師。我們就是這麼過的。我們學到科學概念，並讓它們發揮功能。

## 科學家 VS. 工程師＝天使 VS. 傭兵

在達文西那時代，科學家和工程師並沒有分得那麼清楚（唉呀，達文西那時代，甚至連科學家、藝術家、哲學家跟鐵餅選手都沒啥區別）。如今，我們的教育和經濟系統迫使大家必須選好道路，科學家或者工程師，只能二選一。只要覺得有必要，我們隨時可以換跑道，或是從岔路走到另一個領域裡逛逛，但一般來說，這兩個學科之間還是有所差別。要想知道差別在哪裡，倒是有條捷徑可走：科學家樂於探索自然定律，卻不太知道眞正要找的是什麼。他們帶著童稚的好奇心穿上實驗衣，忙得沒時間約會，是一群笨手笨腳的蒼白天使。

工程師是物理學的傭兵，我們把那些乖寶寶科學家發現的知識拿過來，做出人們眞正需要的東西——汽車音響、衛生棉條，還有導彈。

但我必須說，這項定義是由某位偏見很嚴重的工程師所提出的。科學家可能會把自己描述成「追求絕對眞理，且絕頂聰明的純粹主義者」，認爲工程師只對賺錢有興趣，因爲他們膚淺、缺少靈魂，也不是眞的關心人類的進步。身爲工程師，我的回應是：這不全是事實。沒錯，我只對賺錢有興趣，但不是只要賺錢就好，我也想要有絕對的力量。

舉幾個例子來說，工程師分成機械工程師、電子工程師、結構工程師、土木工程師等，但我們一開始仍算是個科學家。首先，我們必須學習基本的能量定律、重力定律、熵、運動定律等。學習的過程中，我對它們的信任要比對任何人、任何哲學思想更深。我在物理學定律當中探尋典範，它們也爲我的個人抉擇提供諮詢。我變得更勇敢、更有自信，參加派對時也更樂於和別人聊天——如果你也想聊聊熱力學定律的話。

## 本書的的物理學任務

人生也許是易碎而不可靠的，人們也有可能發狂失控，但另一方面，重力、運動、能量和物質的行為舉止卻會以穩定且可度量的方式為之。了解這些定律，你就能在這一團混亂的世界裡擁有堅實的立足點；企圖在令人眼花撩亂的眾多選項中尋找方向時，也能有個地方站穩腳步。當你知道該如何運用物理定律理解旋轉的齒輪和自轉的行星後，還可以進一步運用在個人生活：鍵結在一起的原子是了解浪漫愛情如何發生的最佳模型；水沸騰變成蒸汽的過程，提醒你在人生不同階段轉換時要有耐心；浮在水上的物體可以教你如何創造個人特有的浮力；動量守恆的碰撞實驗，提示你堅持留在正軌上的最佳辦法……物理定律提供美好、有組織的決策架構，還有令人安心的感覺──**讓你知道人生並不全然是機率遊戲。**

除了物理定律外，沒有更好用的人生模型。我們是由原子構成的，也應該依循它們的道理。如果依循另一套不同的規矩，就會零零落落、受盡挫折。人類無法違反物理定律，而且它們還可以把我們整垮，但只要別傻到去對抗它們，物理定律就不會對付你。事實上，如果你了解這些定律並善加運用，當你的美好人生奏起搖滾旋律時，它們還會舉起小小的螢光棒跟著一起唱。

# 01 驗證你的假設：科學方法

我第一次做科學實驗，是在阿拉斯加州安克拉治的溫特勒中學。七年級的科學老師丹尼爾斯先生，把科學方法寫在黑板上逐條解釋：

一、提出問題。
二、搜尋背景資料。
三、建立假設。
四、用實驗驗證。
五、分析結果、下結論。
六、發表成果。

丹尼爾斯先生在步驟五畫了一條帶箭頭的虛線，指向步驟三。他隔著粗框眼鏡斜瞄了我們一眼，解釋：如果結果與假設不相符，就必須回過頭去建立新的假設。他拿出孟德爾的畫像，告訴我們這位愛好園藝的神父有耐心地進行豌豆雜交，並把豌豆子代的特徵全都記錄下來。我們看了好幾張開著紫花和白花的圖片。有的豆莢發皺，有的豆莢平滑；裡頭的豆子有的綠，有的黃。只要知道豌豆的顯性及隱性特徵，他可以用方格圖畫出子代的各種可能表現型態。學過豌豆之後，我們接著研究白化老鼠和牛隻身上斑塊組合的各種可能選項。

不過呢，我最想了解的動物生活還是溫特勒中學的七年級生。不久前我才注意到，學生之間有個嚴格的階級體系存在：酷哥酷妹在最上層，聰明的傢伙幾乎在最下層。我還不確定自己屬於哪一類，因爲大家都認爲一個人沒辦法又酷又聰明。在這個特別的科學實驗中，限制條件就是所謂的「已知」。我到底是酷，還是聰明？這個問題並不簡單。因爲一方面，我念的是數學與英文特別資優班、會吹豎笛，還曾經以實驗證明抽菸對室內植物的影響，而在科學展覽上獲得特別獎。另一方面，我有一些算得上是酷哥酷妹的特徵：牛仔褲破破爛爛，後口袋還用黃線縫補過；而且我會罵髒話，各種變化罵法全都運用自如。

雖然我在兩個陣營都有辦法站穩，但心裡很清楚自己必須有所選擇：要酷，不然就要聰明。很快就要上高中了，不做個決定不行。所以囉，我像個初入行的科學家，按科學步驟一項一項進行。

**一、提出問題：耍酷比較好，還是當聰明的傢伙比較好？**

**二、搜尋背景資料：酷哥酷妹享受上層階級的特權，像是午餐時間學生餐廳的最佳座位、可以在課後社團跳性**

**感慢舞，還有子彈也打不穿的自信。**

那正是我眞正想要的東西。我想要自信。

好多東西都讓我害怕。四年級的時候，我媽開始有不明原因的癲癇發作。在那之前，我爸早就離開搬到德州了。我很怕媽媽會在泡澡或開車的時候發作，這樣一來，我就會被叫到校長辦公室，然後祕書會告訴我媽媽已經過世了。我也很怕媽媽的新男友查克先生會覺得無法承擔我們母女的生活，但我已經開始有點喜歡他了。更糟糕的是，媽媽說不定會跟他一起離開、丟下我不管，就像我爸那樣。

當個酷傢伙，天不怕地不怕，眞是種解脫。我對這些事情完全無能爲力，但我可以盡自己所能別去在乎。不管家裡發生什麼事，那些酷哥酷妹好像都不會受到干擾。

學校裡最酷的女生——莎拉，笑的時候嘴巴張得好大，還可以看到粉紅色的泡泡糖擠在她舌頭和牙齒之間；她把成績單揉成一團，像個 NBA 神射手般精準投進垃圾桶；就算是遲到衝進教室時，她也只是聳聳肩、回答老師「妳爲什麼遲到？」的問題。爲了省力去做更重要的事情，比如偷東西，所以她講話老是一副懶洋洋的樣子，就像「幹嘛？」之類的。她看起來很悠哉。那似乎是種過日子的好辦法，至少在國中時期是這樣。

**三、建立假設：當酷妹比較好。**

**四、用實驗驗證：當個酷妹，體會耍聰明和耍酷的不同。**

有關眞正的酷哥酷妹在國中是什麼德性，我至少還知道兩件事：他們的成績很爛，而且會抽菸。這就是我必須先達成的頭號行爲準則。我退出數學與英文特別資優班，到新班級上課的時候，學莎拉一樣坐在教室最後一排。我把話濃縮成一個字，例如「搞」就是愛搞笑，「拖」就是拖拖拉拉，結果沒人聽得懂我在講什麼。還好，數學和英文要得到爛成績簡直太容易了。

社會課比較是個挑戰。我們要看黑白影片、介紹加拿大各州出口物品，還要用色紙做提尼吉族（Tlingit）的圖騰柱。這些活動要表現得很差並不容易，我費盡千辛萬苦，好不容易在期中報告拿了個「丙」，這還得靠缺交阿拉斯加金礦城的作業，才有辦法得到的呢。

學抽菸也不是什麼簡單的事。會抽菸很酷，不僅是因爲抽菸本身，也因爲要偷偷摸摸的。我向更酷的八年級男生討教，學會用手包住點燃的香菸，並把那隻手收進外套口袋。

大家都會蹺體育課，然後躲起來偷抽菸。這眞是一舉兩得，因爲同時可以解決兩項實作標準：抽菸，以及爛成績。回家站在鏡子前，我練習用兩根指頭把未點燃的香菸若無其事舉到嘴邊。可是不管再怎麼練習，總是沒法排除把令人作嘔的薄荷味雲斯頓吸進肺裡的那種昏沉感。感覺糟透了，但我忍了下來。孟德爾的豌豆實驗中，收成的第一批豌豆全都是同一個顏色，他並沒有因此放棄，當然，我也不輕言放棄。

我媽還沒看到我的期中成績單，查克就先發現我在偷他的香菸。後來他把辣得刮喉嚨的土耳其香菸藏在自己包包裡，而我媽規定了「寫作業時間」。我被迫用厚紙板和樹枝造了一個可憐兮兮又具體而微的礦鎮模型，好讓社會科的成績加分。

泥濘的街道上撒著亮亮的金粉，牙籤做成的阻街女郎慵懶地在歪斜的沙龍裡透過窗戶向外揮手。我對她們寄以無限同情，覺得自己跟她們一樣累，而且咳得像個結核病患（對結核病患者來說，我絕對咳得夠酷）。我好想好想當個酷妹，希望能對自己的生活有些許掌握，而我能用的最佳策略，就是不去在乎將來會如何。

就在這個時候，一切都起了重大變化，我的一生完全翻轉。查克和我媽結婚，收養我和姊姊，全家人搬到加州。我們開著髒兮兮的雪佛蘭 Blazer 一路南下，我慘白的臉蛋望向窗外，在陽光下瞇起眼睛。等我們搬了家，爸媽針對「耍酷」啓動了強大的抗叛逆手段——把我送去念天主教學校。

我們的制服是帶有寬硬褶子的藍色高腰花格裙和白色及膝長襪，怎麼看都酷不起來，而且根本不可能蹺掉體育課。聖若瑟修女會是個凝聚力很強的低調組織，具有受過良好海軍陸戰隊偵查兵訓練般的直覺。她們穿的橡膠平底鞋很適合迅速且無聲地接近，而且聽力超乎自然。坐在蘿絲瑪麗修女的辦公室裡，聽她解釋爲什麼不可以在停車場罵髒話，她說這樣會損及學習環境，也就是我所屬的那一整個教師與學生群體，後來我便覺得還是別浪費時間和修女們作對比較好。我看得出來，她們以前解決過比我還難搞的女孩；至於我嘛，我還有點喜歡她們呢。她們眞的滿懷自信。修女們通曉世界的運作方式，而且她們的使命就是要在我被軟禁於此的四年（美國大多採小學五年、中學三年、高中四年的學制）之中，竭盡所能把一切教給我。

## 五、分析結果、下結論。

我可以繼續設法耍酷，但那已經沒有什麼意義。我其實不想抽菸，甚至不想蹺掉體育課。我喜歡穿著寬大的紅色運動短褲在大草坪上繞著圈跑，讓陽光溫熱我蒼白的雙腿。我知道自己看起來一點都不酷，但沒有關係。在聖母瑪利亞塑像的見證下，我衝向前去，超過其他女孩子，吸進濕草的芬芳，盡我所能地快跑，好遠離阿拉斯加漫長的冬季。那時，我當酷妹已經夠久了，久到連酷女孩們的祕密都知道。她們並不會比較不害怕，或比較沒壓力。她們討厭回家面對父母吵架、媽媽酗酒、廚房裡空無一物的景況。所以她們老是湊在一塊，在安克拉治的雪地裡抽菸，看著最後一絲天光黯淡下來，才終於走進家門，勇敢面對黑暗。

在新學校裡，陽光透過窗戶，源源不絕地灑下來，彩虹橫越天際，要我放開胸懷。我知道自己在聖若瑟修女會的護衛之下。在家，我不再負責開車，或需要在媽媽癲癇發作時把她從浴缸裡救出來——那是查克的工作。我的實驗徹底失敗，所有限制條件都變了。即使是最優秀的科學家，也會遇到這種事。

我想起來丹尼爾斯先生怎麼描述孟德爾的實驗結果。這位穿著袍子的修士，耐心地在修道院的花園裡爲豌豆授粉，將白花和紫花的親代配對，結果所有子代都是開紫花的。但是，這些子代的子代裡，竟冒出一株開著白花的豌豆。這和達爾文的書裡寫的不一樣，並不是變淡的淺紫色，而是從全紫花的親代得出純白花的子代。這位養花蒔草的托缽僧，從那朵純白的花了解到，由父母傳下來的基因並不會混雜成一團，而是保持各自的完整無缺。這項發現有助於了解眼珠的顏色、血型，還有我們可愛的雀斑是怎麼遺傳下來的——雖然未必都如我們所預期的那樣。

我從孟德爾和他的豌豆了解到，所有開花、種豆、重新思考，然後又再從頭開始的過程，正是一種科學方法。我並沒有做錯什麼，我的實驗有了進展。

查克還是把他的香菸放在屋外，留在車庫的梯子上，但我不再偷拿香菸了。他抽菸的時候，我會到車庫，問他手指爲什麼會在越南斷掉、問他溫度計的運作原理，什麼都問，只是想聽他平心靜氣的低沉嗓音，被他保護性的煙霧包圍。有一天他說：「妳很聰明。要善加利用。妳想做什麼都能成功。」十四歲的時候，我只知道我想過得多采多姿。但查克和聖若瑟修女會都清楚表明，**當個聰明的傢伙就是邁向豐富人生的好方法。**

時候到了，該把我的實驗收一收，整理整理。

## 三、提出新的假設：耍聰明比較好；耍聰明最棒。

# 02 空間是爭出來的：大自然最討厭眞空

我之所以知道大自然討厭眞空狀態，是因爲九年級開學第三個星期時，羅榭爾修女說的。大自然這麼不喜歡某樣東西（在這個例子裡，是討厭「沒有東西」）似乎有些詭異，但我覺得羅榭爾修女的話很值得信任。以前我只在電影裡看過修女，她們要不是在想辦法餵飽貧民，就是在幫助無依無靠的人。不管是哪種情形，看起來都很誠懇而熱心。羅榭爾修女和電影裡的那些修女有點不太一樣。她穿著亮麗的花洋裝，擁有小巧、宛如強壯體操選手的結實肌肉，而且每堂課上課前都高聲向耶穌祈禱，神色自若得像是一邊喝咖啡、一邊交換折價券情報一樣。不過，她是個修女，我並不懷疑她的爲人。

羅榭爾修女解釋，「眞空」指的就是一無所有。她把手指張開，雙手舉高，在空中揮來揮去。這個爵士舞動作是用來表示我們四周的空氣裡充滿了氧、氮還有氦原子。羅榭爾修女說，我們早就習慣了這些看不見的氣體原子和它們加在我們身上的壓力，甚至不再注意到。但如果空氣不見了，它每平方公分大約 1.0336 公斤的壓力也將隨之消失，我們就會遇上麻煩。

我們的耳膜會破掉、內臟會擴張、身體會腫脹得很不舒服，過沒多久，就會在渾身不對勁中死去。

把爵士舞的手勢放下後，羅榭爾修女歪著頭，用她那一排亂翹的瀏海對著我們，這表示「請大家仔細想想大氣壓力」。

在這所新學校裡，我馬上注意到一件事：**經常需要仔細想想。**

舉例來說，平常上課的日子，我們需要思考《新約聖經》的寓言、《老人與海》的象徵，還有，如果我們沒在白色制服裡穿胸罩的話，表示什麼意思。關於最後那個問題，我直覺的猜測並不正確。顯然，不穿胸罩就出門並不是指「我出門的時候，內衣還在烘衣機裡沒乾」，而是宣告「我是個性生活不檢點的女孩，將來要過著因梅毒而失明的日子」。

爲了提醒我們進行科學思考，羅榭爾修女會提出一個問題，然後挑起雙眉，熱切地看著我們，身體還會微微前傾，屏息以待。我比較擔心的是她會把氣憋住，停止呼吸。要是沒人回答，她說不定會昏倒，然後往前栽個跟斗，跌在第一排的人身上。

其他女孩們似乎並不擔心，說不定她們知道修女老是這麼做。她們知道很多我不知道的事情：依著看不見的提示在胸前畫十字；進教堂時要來個奇怪的小小屈膝禮、起身、坐下；回應「阿門」和「也與你同在」時，動作一致到讓人頭皮發麻。我一直比其他人慢個兩秒鐘、十字畫錯方向、該坐的時候站著，或是喃喃念著「哆蕾咪哆」，看看會不會剛好跟她們念的東西押韻。這些女孩熟悉天主教的舞步，卻不了解人的身體需要換氣；或是說，她們並不在乎。我盡量回答問題，其他人卻一片死寂地坐著，安心看我們的老師在臺上賣力演出。整堂課都是這樣進行的——我想盡方法回答老師的問題，還有關於氣體分子講到一半沒講完的話，以免她憋到沒氣。

爲了示範大自然有多討厭眞空，羅榭爾修女拿著一部小型電動幫浦，用根管子和一只塑膠水瓶連接在一起，在陣陣嘈雜中講解。隨著幫浦慢慢吸出瓶子裡的空氣，瓶子越縮越小，最後扭曲變形。羅榭爾修女繼續她的酷刑，興高采烈地說明，當我們將瓶內空氣移走，外頭的空氣就擠壓瓶身的塑膠。瓶內已經沒有空氣往外推，只受到外部的壓力。

科學家說「大自然最討厭眞空」，是因爲瓶子外頭的空氣看起來會不顧一切想擠進水瓶內的空間。

羅榭爾修女突然做出空手道的手刀動作，幾乎要碰到皺巴巴的水瓶才停下來，用來表示水瓶外的氣壓。仔細想想，我眞是小看了修女的街頭格鬥技，應該把她的體形、職業，還有苗頭不對時，會有超強後援一併列入考慮。接著我又在想：我怎麼老是想個不停？

羅榭爾修女打開一包超大顆棉花糖，引起我全神貫注。如果她點燃本生燈，再拿出一些全麥餅乾和巧克力棒的話，我第一個志願當她助手。我環視整個房間，發現自己位置絕佳，完全沒有其他人在關心棉花糖的事。

羅榭爾修女把三顆棉花糖放在像是倒扣的大型玻璃沙拉

碗下面，又打開幫浦轟隆作響的馬達。碗頂的小孔塞了個軟木塞。管子一端穿過軟木塞，一端通往幫浦。她問同學們，如果把碗裡的空氣抽走，會發生什麼事。全班一片沉寂，她屏住呼吸等待回答。和往常一樣，我和羅榭爾修女合力演完整齣戲。

確定那玻璃碗要比塑膠水瓶還堅固，不會變皺或裂開後，我注意到那些棉花糖脹大膨起。棉花糖四周沒有空氣，也就沒什麼東西擠壓它們。棉花糖會往空無一物的空間擴張。眞酷。羅榭爾修女正在興頭上。

她沒忘記告訴我們，如果把頭伸進太空人的頭盔，然後把裡面的空氣全部抽光，我們的臉就會像這些棉花糖一樣腫起來。缺氧之前，我們差不多有 90 秒的時間可以仔細想想科學的奧妙之處。在那段時間裡，我們可能會覺得舌尖的口水由於壓力下降而沸騰。她提醒我們，大叫也沒用，因爲聲音是一種波，必須藉由擠壓空氣才能前進，所以在眞空中無法傳播。筆記筆記。我絕對、永遠不會把我的頭伸進太空人的頭盔裡，再把空氣抽光，好看看自己的腦袋會不會變腫。

接下來的那個星期，羅榭爾修女由空氣的實驗進展到水的實驗，我又多學了幾樣重要的知識。首先，當她拿著實驗室裡的水管時，別靠得太近，因爲她常會手舞足蹈。其次，水和空氣的行爲有許多相似之處。如果水包圍著某個沒水的空間，它會極力想進入那個乾燥的區域，就像塑膠瓶外頭的空氣努力想進入沒有空氣的塑膠瓶內部。

羅榭爾修女解釋，我們用吸管吸東西全都是應用這個原理。感覺上，似乎是我們把冰茶吸進嘴裡，但我們只不過是清掉吸管裡的一些空氣，讓冰茶被推入吸管，而推力來自於茶水表面的空氣。待在杯子裡的茶水感受到表面眾多空氣分子的重量（大氣壓力），但既然你已經把吸管裡的空氣吸走，壓在冰茶液面的壓力一下子高過液面下的茶，生薑綠茶就這麼往上前進，落入你嘴裡。

## 和大氣壓力對賭

提供各位一個可以賺點零用錢的趣味方法。羅樹爾修女並沒有教我們這麼做，不過相關知識都是從她那學來的。下回，當你在演唱會後臺遇到別的樂團，可以叫各團主唱出來比一比，看誰的肺最有力（只要是當主唱的，不管是什麼比賽都絕對不會錯過，而且他們對自己的肺活量都十分自豪）。提個主意，每個人出二十美元，賭一賭肺活量（如果是坐豪華巴士巡迴的團，賭金就要乘十倍；如果只有樂器坐車，而團員搭飛機，那賭金就得乘上一百倍）。告訴大家，誰贏了就可以把錢全都拿走；不過萬一沒人成功，那就莊家通吃。就在各家主唱開嗓暖身的同一時間，你從包包裡拿出兩根 10 公尺長的塑膠管，粗細就跟吸管一樣（隨身攜帶塑膠管還有很多其他絕妙好處）。然後呢，再跟燈光師借兩把梯子，請各團的主唱爬上去，站在同一階 —— 位置要夠高，頭部距離底下的啤酒瓶要超過 10 公尺。拿出碼錶，告訴這些主唱，誰能在時間內最先像個古希臘噴泉一樣，把含在嘴裡的啤酒吐出來，證明自己可以用吸管吸到啤酒，就算獲勝。

倒數計時要做得有模有樣。接下來就好好欣賞這幾位主唱用嘴費勁吸，和超級名模一樣吸到腮幫子都凹了下去。看起來誰都沒辦法用吸管把底下的啤酒吸上來，這時可以說點鼓勵的話，祝他們好運，再把贏來的賭金收一收，趕快準備閃人。

你可以帶著十足把握進行這項科學示範（說「詐欺」就太難聽了），結果也絕對包你滿意，因爲不管樂團主唱的肺有多強，頂多只能把吸管裡的空氣吸光。而且沒有別的力量能把啤酒吸上去，只能靠大氣壓力從另一側推，所以啤酒能上升多高是有極限的，這個極限剛好差不多是 10 公尺左右。你贏定了。

手動抽水幫浦也是用同樣道理運作。抽光幫浦裡的空氣，水就湧出，這是由井或湖面上或香水瓶裡的空氣施力推動所造成。就和吸管一樣，手動抽水幫浦並沒有抽水。它只不過是把空氣分子清光，以至於液體另一端的空氣壓了下來，贏得推擠比賽的勝利者寶座。

## 生活物理學：大自然會設法把空缺補滿

當我覺得生活被塞得太滿，於是開始清理衣櫃、清理行事曆時，同時也必須留意「大自然討厭眞空」這回事。我很清楚，大自然馬上會設法把空隙塡滿，而且不這麼做不行；也因爲我知道大自然的這項特性，所以一開始就要壓制它，清空或補滿都必須由我來控制。如果星期五晚上空出來了，卻沒有用其他事情補上，大自然就會忍不住插手。它不挑，隨便什麼都好。我會被選進業餘的馬球隊，賽後都得大口狂飲啤酒，或被說服提供外來鳥類臨時收容服務。這兩種活動我都沒意見，可是我的酒量沒那麼好，而且看到鳥就會嚇得魂飛魄散（我三歲的時候看了幾段希區考克拍的《鳥》，眞是大錯特錯）。

不管是談戀愛、生涯規畫，或者生活當中需要花點心思的其他什麼事情都一樣，千萬別出現眞空狀態，要在大自然動手之前，自己把空間塡滿。

如果你不希望自己好不容易創造出來的新空間立刻被塡滿、需要有時間決定究竟自己想要什麼，那就要做好準備，因爲大自然會努力扳回一城。你當然有可能整理出一塊淨土，不過要花費不少心思。許多念佛的、坐禪的、練瑜伽的……這些人終其一生都在騰出空間。也許表面上看似安詳平和、處事低調無所爭，但他們可是和自然打肉搏戰的高手。就像羅榭爾修女對付塑膠空瓶那樣，當大自然不斷試圖壓垮他們時，他們還要對抗如潮水般湧來的誘惑、猜疑和欲望。如果大自然對你想保留的空間施加壓力，不妨試試我的辦法：想像羅榭爾修女拿著吸塵器的吸頭，靠在你心臟、腦袋或是什麼需要清空的地方。閉上眼睛，什麼都別想，就讓吸塵器噗、噗、噗、噗……吸得清潔溜溜。

## 物理練習

**一、海平面的大氣壓力是每平方公分 1.0336 公斤，這樣的壓力把水推進空管子裡時，高度可達 10 公尺。那麼，爲什麼用吸管只能讓水升高大約 6 公尺？**

**解答：**我們的嘴沒辦法製造出完美的真空。

就算吸到臉頰發疼，還是沒辦法把空氣裡的每一個原子全部抽離吸管。因此，在吸管這邊還是有些力量可以對抗壓在液體表面上的大氣壓力，所以沒辦法上升 10 公尺，而是大約 6 公尺的高度。由於人們喜歡把飲料拿在手上，所以用吸管喝倒是不成問題。

你可以自己算一算。你應該還記得以前學過水的密度。當時你很認真，並沒有分心去注意前面那個傢伙的脖子長得很奇怪。水的密度大概是每立方公尺 1000 公斤。等式的一邊是水的重量，另一邊則是大氣壓力往下推的重量，解出高度：

1000 公斤 / 公尺$^3$× 水的高度＝ 10336 公斤 / 公尺$^2$

水的高度＝ 10336÷1000 公尺

水的高度＝ 10.336 公尺

二、棉花糖在真空中膨脹，此時重量有沒有改變？這樣熱量會更高嗎？

解答：膨脹的棉花糖其重量和所含熱量仍然跟原來一模一樣，因為棉花糖的質量並沒有增減。只是質量分布的方式不同。

三、如果你能用吸管吸水的高度是 5.4 公尺，再用密度比水大的水果冰沙來試，這時候能不能用吸管把冰沙吸得更高？或是跟水一樣高？

解答：由於在飲料表面各點的大氣壓力都是一樣的，因此無法得到額外的助力。至於你的嘴，也一樣會在飲料表面與吸管之間造成同樣的壓力差。唯一有變化的就是吸管內的液體重量。既然水果冰沙比水重，就沒辦法像你用吸管吸水的時候那麼高。

四、還有誰在用「最討厭」這個詞？

解答：科學老師、吸血鬼、鼓吹戰爭的人。

### ♡試著做做看！

從前面和樂團主唱打賭的經驗，我們可以了解到，用一根10公尺長的吸管吸飲料是不可能辦到的，那麼我們來研究研究可用多長的吸管來喝飲料，還有大氣壓力的作用吧！

你需要的是：兩根長7.5公尺的吸管、兩杯調酒、一隊好勝又青春健美的高中或大學啦啦隊。

找一處沙灘（爲了確保你和海平面一樣高，而且落地時較軟），把裝著調酒的杯子放在沙地上。再找一群強壯得不得了，而且平衡感超級棒的啦啦隊員，請他們疊成金字塔，你則高高坐在最上層。試看看從那個高度用吸管喝酒。

接著，把吸管剪去30公分，然後變換陣式，讓你坐的位置同樣降低30公分。反覆操作，直到你能把調酒吸起來爲止。把能吸到調酒的最大吸管長度記錄下來，接著，帶著那杯調酒和啦啦隊員來到喜馬拉雅山的山腳，同樣從頭做一遍。在喜馬拉雅山的山腳下，你能用吸管喝到飲料的最大高度是多少？比較短，還是比較長？

解答：在沙灘上，大氣壓力全都壓在液體的表面，根據把空氣抽出吸管的能力好壞，當你把吸管裡的空氣吸出去的時候，調酒可在吸管裡上升3到6公尺高。

高海拔的喜馬拉雅山區大氣壓力較低，壓在液面上的壓力就比較少，所以即使你把吸管裡的空氣抽出來的能力一樣，你能用吸管喝到飲料的最大長度會比海灘用的要短；這是因為把調酒推進吸管的壓力減少了。

記得招待啦啦隊員做喜馬拉雅玫瑰鹽去角質按摩。他們還真有耐心肯聽從你的怪異要求。

# 03 數字不但實用，還很優雅：數學不是用來害怕的

高二的時候，我很怕上代數課。那些雙曲線、自然對數還有虛數，就像一團迷霧在我腦袋裡纏繞。我很想找個方法讓自己這輩子都不必再算數學。

當時我還不能體會數字的優雅和實用性。好幾年後我才知道，如果想準確描述細菌成長、空氣壓力還有瀑布，只能用數學語言。藉由數學，我們可以把能量守恆當成概念來欣賞，還可以進一步拿來運用，讓橋梁不會崩塌。數學讓我們從住在偶然遇到的洞穴，進步到能設計一間可安全建在山頂的房屋；我們成爲發明家而非腐食者，成爲設計師而不受制於試誤的奴役。

的確有辦法完全不用數學講解物理，但不容易，就像你想跟某個人描述一場生日派對，參加派對的人他一個也不認識，卻不能用任何名詞表示。當然還是可以藉著動詞、代名詞和比手畫腳來達成，但很可能搞不太清楚到底用火點燃了什麼東西，而主客爲什麼被迫只能靠著吹氣撲滅燃燒的火苗。

描述派對時，名詞極爲重要；同樣的道理，描述物理也

必須用到數學式。如果想敘述浮在水上的遊艇、加速飛行的子彈，還有完美做出高臺跳水需要的角動量，最簡潔最清爽的方法就是**透過數學**。

學生時代覺得代數和門禁一樣掃興的讀者，我了解你們不願意再碰數學的想法。我向各位保證，我也不是天生就愛數學；算術還算可以，但一開始並沒有那麼順利。一年級的時候，我很希望自己有一天能比姊姊還大。我六歲，她九歲，所以只要再過……喔，太多了，算不出來還要過幾個生日……我就可以比姊姊還大，可以當姊姊了！

我擅長閱讀，但沒有數字方面的天分。以前玩大富翁的時候，姊姊隨便就可以贏我好幾萬花花綠綠的鈔票，還有一堆塑膠做成的房地產。我每次都挑不同的棋子，以爲狗也許會比鞋子更成功，或是頂針要比帽子的運氣更好。不過換什麼都沒用。如果對方拿大鈔給你，你卻無法正確找零的話，怎麼做都沒辦法幫你在這模擬的高風險金融市場活下去——就算用跑車當棋子也一樣。

七年級以前，我勉強還能和數字一搏。可是到了高二，代數課變難，我在吃晚餐的時候宣布要放棄這門課。查克帶小孩已經帶出心得，只說我應該去和輔導老師談一談，他知道輔導老師一定有辦法幫我克服任何難關。他說的沒錯，我和輔導老師講不到幾句話就把事情搞定了。結果，我唯一的收穫是寫了一張「抱歉上課遲到」的字條，然後乖乖回原班繼續上課。我鼓起勇氣戰戰兢兢，設法讓成績從丙進步到乙下。

高三那年，我的數學表現完全不一樣了。三角學和基礎微積分是由十分時髦、講究造型的強生小姐負責，她腳蹬高跟長筒靴，披著直直的長髮，爲數學代言既有魅力又有說服力，她讓我相信三角形和曲線優雅而有力。有一天，我去辦公室找她問問題，她帶著我看完一道又一道的繪圖題，然後還聊到應該多久洗一次頭。她的小祕方是每兩天洗一次頭，這樣頭髮就能柔柔亮亮。三角學和美容方面的建議結合起來，讓我留下深刻印象，還在形塑中的青春期頭腦裡，數學已經和美緊緊纏繞在一起分不開。

到了大學，微積分已經難不倒我。當時我了解到，數學課並不會越來越難，就跟學語言的道理一樣。第三年的義大利文課並不會比第一年難，因爲你已經懂得如何捲舌發「r」音了，對你來說，義大利文反而更簡單。換成微積分當例子，就是你已經學會想像一條線如何越來越靠近座標軸，卻永遠不會碰到它。幸好當年自己有用數學耕耘未來。我原本對數學有錯誤的印象，以爲它看起來很難，而且自己不是這塊料。現在我知道這種想法有多可笑。我們從來不會說：「我天生不是閱讀的料，所以放棄了。」**我們把閱讀看成一種關鍵的求生工具，但爲什麼對數學素養卻沒有相同的認知？**爲了了解個人的財務、醫療紀錄，或者有人想賣你很不划算的保險合約，當然需要頭腦清楚且滿懷自信地搞懂一堆數字。

## 數學簡潔且誘人

爲了了解基本物理學，我們還是得承認數學式陳述就等於事實的快速一瞥。舉例來說，3 + 2 = 5。是啊，這是眞的。你也可以用文字表達同一件事：三加二等於五。不過，隨著概念變得更複雜，使用文字來表示就會越來越難，而方程式確實是更直覺也更美的選項。「能量增減等於質量增減乘以光速的平方，其中光速爲常數」，就是不像「$E = mc^2$」那麼簡潔誘人。

當數學式變成 3 + x = 5 這樣的算式，才眞的開始有點意思。少掉的那個數字，x，應該是 2，沒錯吧？如果你知道一些基本的宇宙眞理，而且需要找到偶爾少掉的那一塊，這類數字問題就很有用。

你需要遵循的規則只有一條：**誠實**。假設一條數學式剛開始是對的，但你在等號這邊亂弄一通，卻沒在另一邊同樣操作，這式子就不對了。必須在等號兩邊做同樣的操作，才不會讓等號騙人；假設一邊加 47，另一邊就要加 47。如果你看到數字就緊張，心裡一定會想：「我怎麼會想在等號的兩邊東弄西弄？爲什麼不慢慢往後退開，避免和那神祕的 x 對上眼？」這麼說好了，也許你想在等式的一邊得出原本不知道的事情（速度、重量、時間），好讓方程式對事實的小小一瞥可以簡化成有用的陳述句，例如：「我的車要跑多快，才能飛越已經打開一半的活動式吊橋？」

利用數學式來描述事實，就像把你的家當裝上一架小飛機，準備前往阿拉斯加的釣客小木屋度假（你待在那裡的一整個星期中，可以享用十二種不同烹調法做成的鮭魚大餐），飛行員需要讓飛機左右兩側的重量相同。假設飛行員已經宣布飛機兩邊的配重相等，但這時候你才發現還有兩件重量相同的必需品要帶——你要把慢烘有機咖啡豆和敏感肌專用的除毛膏（一整罐，眞的假的？）都放在飛機同一側的艙頂置物箱嗎？

當然不行，一邊放一件，才能讓飛機保持平衡。之前是平衡的，你只要在每一邊都加上同樣的重量，就可以保持原本的平衡狀態。飛機的總重量雖然增加，不過兩側還是等重，所以飛行員還是很滿意。當你飛進阿拉斯加杳無人煙的森林裡，一定非常希望飛行員開開心心的。

## 把想法化成數字

爲了測量並微調我們感興趣的東西，好讓它們可以用數字來表示，我們會問朋友：「從 1 到 10 分，你的約會對象到底有多遜？」這個時候就是用數字表達事情。對這類問題的回答，提供的訊息會比「你的約會對象很遜嗎？」更多。

如果你在研究一群大學生，想知道他們覺得怎樣才算吸引人，可以拿很多人的照片要他們指出相片中的人多有吸引力。答案千奇百怪，像是「超辣」、「還好」、「脖子上有龍刺青的傢伙最帥了」，還有「只要長得像我媽，我就喜歡」。這些資訊可能很麻煩也很有趣，卻不是很有用的資料。你需要把反應量化，方法是要學生從 1 到 10 爲相片評分。這麼一來，你就能得到一些數字，可以發揮一些作用；如果要得到更準確（也更誠實）的量測，你可以把顯示受到吸引的生理反應記錄下來。舉例來說，鼻孔擴張、眼睛快速眨動和腋溫升高是目前已知的指標。如果鼻孔張開 0.2 公分、每分鐘眨眼次數增加 5 下、腋溫是攝氏 37.2 度，就可以確定觀看相片的人有什麼感覺。

在科學圈裡，這個把資訊轉譯成數字的程序稱爲「量化數據」。

## 單位：數字和胡扯之間的細微差別

一旦有了量化的資料，你可以用有意義的方式將它合併或分離。高一上科學課的時候，羅榭爾修女就教過我們怎麼保持單位的正確性。這很重要。如果你弄混了加侖和公升、莫耳和微克，或馬力和牛頓，就會發現掉進自己搞出來的奇幻世界，處處都是不成比例且沒有意義的結果，很快就會摔個鼻青臉腫。

想確保單位的秩序，對待它們的方式就要和對待數字一樣。還記得在學校學過的分數乘法吧？分子和分母可以相互抵消，所以 1/4×4 可以寫成 1/4×4/1。分子乘分子，分母乘分母，就得到 4/4。分子的 4 和分母的 4 互相抵消，就得到完整的數字 1（如果這讓你回想起以前數學課的慘痛經驗，眞是抱歉。別嚇跑了。好好做個深呼吸，現在不用打分數）。

我們可以用相同方式，把位於分母的單位與分子的單位抵消。假設你 5 分鐘可以跑 1 公里，想知道如果保持這個速度跑完全程馬拉松要花幾分鐘，就可以做些單位消去的運算：

5 分鐘跑 1 公里，可以表示爲 5 分鐘 / 公里。全程馬拉松是 42.195 公里，所以你的算式就會變成這樣：42.195 公里 ×5 分鐘 / 公里。別忘了，42.195 之後的那個單位，公里，有個分母 1 隱藏起來了（表示跑一次）。兩邊的「公里」可以消掉，因爲分子和分母都剛好有一個；42.195 公里 /1×5 分鐘 / 公里＝210.975 分鐘，差不多是 3 小時 30 分。還不賴。

這就是一次良好而正確的因式分析。你針對跟在數字後頭的單位，以數學方式安排，讓它們可以彼此消去，而得到你想要的訊息。這方法很便利，因爲知道分式之中分母和分子的單位後，要怎麼配置跟著單位的數字就變得一目了然。雖然說了那麼多，但我承諾不會在這本書裡強迫大家做算術。只要知道我用加速度算出速度，或用水的密度和重量計算有幾公升，用的是規規矩矩的數學，並依據宇宙的規律，方法則是遵循等號兩邊要平衡的規則，同時注意單位。書裡偶爾會出現幾道公式，但如果這些數學里程碑沒辦法幫你把概念具體化，那就像在路上遇到打得火熱的情侶時一樣比照辦理吧：路過的時候好奇偷看一下，不過腳步可別停下來，除非他們邀你一起加入……再玩一次。

我知道，你不可能像畢達哥拉斯的信眾那樣，對代數和幾何抱持無比熱情。據說他們有位門徒因爲用了無理數而慘遭不測。「無理數」這個名字取得並不恰當，只不過是像「1.41421」這種無法以整數的分數式簡單表示的數字罷了。他們都是些不知變通的數字怪咖，相信所有整數都是神所創造，而且數字如果只能用一長串沒完沒了的小數表示，卻不能用整數的分數式表示，絕非好東西。拜託，到底誰才是「無理」之人啊？我承認，他們對數學的興趣可能太超過了，不過我很了解這些人爲什麼會被數學感動。

三角和幾何的威力，可以讓你不用爬上山頂就知道山有多高，不用走過就知道抄捷徑的距離有多遠。它們看起來像是神奇的魔法，而這些學問甚至解開了宇宙的祕密。

俄國數學家蘇菲·柯瓦列夫斯卡婭在喬治·艾略特英國家中的沙龍裡，與達爾文、赫胥黎一起閒聊，她說：**「想成爲數學家，必須具備詩人的心靈。」**這話說得眞是太好了。我還要加上一句，數學家絕對不會被耍。即使是業餘的數學家，也可以胸有成竹地搞清楚退休基金、畫出減重曲線，並且比較不同航空公司給常客的優惠專案。你還能把數學用在日常生活中，也可以用來設計快艇、分析新療法對癌細胞的作用效果。**只要充分發揮，數學就眞的能像詩一樣：簡潔、低調、有力。**

## 數學練習

一、用數學公式對應以下的物理概念。如果你已經把以前學過的全都忘得一乾二淨，可以很快複習一下：如果兩個數字放在一起，或包在括號當中並排，或兩者之間有個星號，就表示相乘；所以，下面幾種都表示 x 乘以 y：

xy

x(y)

x*y

如果兩個數字用斜線隔開，就表示相除，所以 x 除以 y 可以寫成：

x/y

如果你把高中畢業前學會的都忘光光，那還有幾件事要知道：任何數字除以 0 等於無限大、圓周的長度等於 2×π× 半徑。現在來配對看看！

### 文字陳述

1. 一個物體只要受力就會加速。力就是所移動物體的質量乘以它的加速度。

2. 如果有個物體以輻射形式釋出能量，它的質量就會減少，減少的數量等於能量除以光速的平方。

3. 位於某個初始高度的質量，其位能等於它從該高度落下時，因重力所得加速度而將高度轉換成速度所具有的能量。

4. 最令人不爽的莫過於：開車等紅燈時拿三明治出來吃，結果他們根本沒看到紅燈已經變綠燈了，而你按喇叭提醒他們時，對方還對你比中指，好像你做了什麼沒禮貌的事。事實上，真正沒禮貌的是他們才對。

5. 距離加深愛情。

6. 親近導致鄙視。

## 數學式陳述

A. $E = mc^2$

B. $F = ma$

C. $mgh = 1/2mv^2$

D. 紅燈變綠燈的時間延遲＝不爽

紅燈變綠燈的時間延遲＋比中指＝不爽 /0

E. 鄙視程度＝ TK ＋ 1/(Cd)

其中 T 是在待在同一個房間內所經過的時間，K 是由經驗得出的常數，表示每小時所累積的鄙視。C 同樣是由經驗得出的，單位以愛情 / 公里表示。d 爲距離，單位是公里。

注意：如果距離變得夠小，使得總愛情 (Cd) 小於 1，算式 1/(Cd) 就會大於 1，使得總鄙視更高。

F. 愛情＝ Cd

其中 C 是由經驗得出的常數，以愛情 / 公里爲單位。d 爲距離，單位是公里。

解答：A2、B1、C3、D4、E6、F5

二、用數學式描述你在中午過後攝取與消耗的熱量：吃完一盤 500 大卡的墨西哥捲餅後，跳了 27 分鐘的舞，每分鐘可消耗 10 大卡。接著走 1 公里的路去聽演唱會，消耗了 160 大卡，同時邊走邊吃了 12 個小熊軟糖，每個熱量有 9 大卡。在演唱會現場，你和朋友平分 0.5 公升的啤酒，熱量是每公升 500 大卡。接下來你爲了保護朋友，用空手道跟別人對打了 4.5 分鐘，每分鐘消耗 12 大卡，因爲他老愛找女生聊天，結果把人家的

**男朋友惹毛了。警察來的時候，你和朋友必須落跑，以 100 大卡 / 公里的消耗率跑了 0.8 公里，來到一個半徑 18 公尺的圓環，還沿著圓環繼續跑了半圈才叫到計程車回到家。**

**解答：** 總熱量 = 500−27(10)−1(160) + 12(9) + 0.5/2(500)−4.5(12)−0.8(100)−3.14(0.018)(100)。

經過這麼多令人亢奮的事，你所攝取的熱量比燃燒掉的還多 163.35 大卡。睡覺前再跳繩跳個 18 分鐘，熱量進出就差不多平衡啦。

# 04 人生切莫空轉：
## 能量守恆定律

就在同一個星期裡，艾蓮諾修女提到耶穌讓拉撒路死而復生，羅榭爾修女則表示能量無法創造也無法破壞，只能轉換形式。這兩堂課似乎有所關連。

我腦子裡一直在想羅榭爾修女寫在黑板上的位能與動能公式。假設事情就像耶穌和修女們堅持的那樣，我們死後還有某樣東西存在，那它一定要離開我們的身體。如果靈魂不是實體，就一定是某種形式的能量。當那最後一股能量離開拉撒路的身體往天堂飄去的時候，耶穌想必攔截了這縷小小的青煙，包在手掌心裡，然後小心翼翼送回拉撒路的身體裡，讓他重新活過來。

在我的想像中，耶穌使勁一揉，把能量推入拉撒路的胸膛，已死之人的眼睛就這樣再度張開，搞不清楚剛剛發生了什麼事。這就是改變了形式的能量，沒有創造，只是弄熱、搓揉、移動。顯然耶穌已經讀過熱力學第一定律，因爲他讓這個改變形式的做法流傳下來。前一刻拉撒路死了，後一刻他坐了起來，還要了杯水。幹得好，耶穌你眞是個科學家。

我在想，艾蓮諾修女和羅榭爾修女搞不好在隔壁的修道院裡一起擬定教學計畫。我想像她們一邊喝著調酒，一邊大聲討論各種轉換：死而復生、清水變美酒、信仰化成行動，並且把這些包裹在課堂的教材裡，讓我們把一切結合起來：耶穌是科學家、牛頓是救主、上帝把戒律寫在石板的一面，另一面則寫著熱力學定律。我知道這種想法有點牽強啦，但似乎也沒有什麼不合理。

**宇宙已經擁有它所能得到的全部能量。**耶穌和羅榭爾修女對於這個想法或許很滿意，但對我來說仍是個很嚇人的概念。

我們絕對無法再造出更多能量，只能當能量變化的媒介。太陽的能量儲存在蔗糖裡，我們吃了糖，並把它的熱量轉換成接吻還有裸泳需要的能量。就像宇宙中其他生物一樣，我們都是能量轉換機。你可以把甜甜圈轉換成用美麗的雙腿跳舞、把餅乾轉換成正動個不停的腦子，但你不能創造任何新的能量。宇宙已經擁有我們所需要的一切能量，這就是熱力學第一定律。沒錯，規定就是這樣。

我們所遇到的能量轉換，很多是一般所說的位能轉換成動能，或是反過來。位能是靜止態的能量，等著以某個方式利用或啓動；動能則是動作態的能量，如果我們把球直直往空中扔，就會給它一些動能。在球往下掉之前，會有一瞬間停在空中，那瞬間完全只有位能，不存在任何動能。當球往地面下降的時候，就已經把位能（高度）轉換爲動能（速度），並且在與地面撞擊的那一刻消耗掉動能——發出咚的一聲、球彈跳一陣子，同時還有一些草和土被推開。

## 位能：看兩集《嗶嗶鳥》卡通就知道了

爲什麼十九世紀的物理學家會說我們無法創造能量？發電廠製造能量，對吧？並沒有。就算我們以爲自己製造出能量，事實上卻不過是轉換能量。在發電廠裡，可以把天然氣轉換成熱能、把水轉換成蒸氣，推動渦輪、轉動發電機、產生電流，再供電給你的電腦、電吉他還有冰箱，這樣你就有辦法寫出超棒的音樂劇、贏得東尼獎，然後開一瓶香檳慶祝。

謝謝你，熱力學第一定律！不過這裡並沒有產生新能量。煤、天然氣或核物質裡的潛在能量轉換成熱能，再轉換成動作（動能），又轉換成電位能，經由電線傳送到你的電腦、電吉他以及冰箱。唯一新創造出來的是你美妙的音樂劇。

如果我們沒有開挖天然氣，然後在發電廠裡把它轉換成熱能，它還是會帶著位能安安靜靜地待在地底，等著被發掘，就像在鄉下小劇場等待伯樂出現的天才演員。

位能急著一展長才，想做點令人興奮的事。它的類型有好幾種，其中最容易想像的就是重力位能。等著從山上滾下去的雪球擁有很多位能，只需要往下掉，就可以把由高度而來的位能轉換成一場小型雪崩。另一種位能是化學能，車子裡的汽油就是最佳例證。由於汽油的特殊化學組成，因此可以燃燒並釋出能量驅動你的車子。

我最喜歡的位能是彈性位能（看來大家都各有偏愛）。東西伸展、拉長，或以其他方式變形，並等著彈回原本的形狀，用科學的方式來描述就是「彈性位能」。弓箭、彈射器、橡皮筋還有彈簧，會在力量逼迫之下脫離最舒適的姿勢，當它們彈回原位並用掉彈性位能時，把箭射出、石頭飛越城牆，永遠忠誠於原來的狀態。

如果你想看看每一種可能的能量轉換，只要看幾集《嗶嗶鳥》卡通就可以了。大笨狼很有創意地運用彈力位能、重力位能還有化學能，屢敗屢戰（牠是個天才工程師，可是需要一名優秀的專案經理協助管理時程、專案執行，以及嗶嗶鳥的行為研究）。

## 動能：來玩玩高空跳水吧

體驗位能轉換成動能的最佳方式，就是去牙買加玩懸崖跳水。步驟一：爬上懸崖。隨著你越爬越高，就能以提升高度的方式得到位能。而體重乘上與水面的高度差，就是你取得的位能。

等你到了頂端，站在懸崖邊往下看著水面，可以想像一躍而下後，就能把所有位能全都轉換成動能。你也可能在想，大力衝擊水面那一刻，泳衣沒被沖走的可能性有多高。如果知道落水時會有多少動能，也許比較容易回答後面這個問題。於是，你站在懸崖邊鼓起勇氣往下跳前，做了點小小的運算。你的位能就是體重乘上懸崖的高度，所以要把體重 64 公斤乘以要跳的 6 公尺（嗯，沒人在懸崖上幫你量起跳時的體重啦——不過你想實話實說也可以）。

你準備就緒，帶著 3763.2 焦耳的位能（64×6×9.8 = 3763.2），並將它轉換成速度、腎上腺素，還有擔心泳裝發生意外的一點點緊張。你跨出懸崖來到半空中，身體直直往下掉，開始加速。不論你的入水姿勢是優美而靜謐，或是一邊尖叫一邊揮舞手腳都無所謂。每往下掉 1 公尺，就會把高度逐漸轉換成速度，用更科學的方式表示，就是把位能轉換成動能。觸及水面的時候，位能就會全部轉換成動能。

3763.2 焦耳是什麼意思？就是施力 3763.2 牛頓推動物體 1 公尺，或是用 1 牛頓推動物體 3763.2 公尺所需要的能量。站在懸崖邊，如果你心想：「水裡不知道會不會有鯊魚等著，還努力壓低笑聲等你掉進牠們的便當盒？」那麼就算知道這些數字也沒什麼幫助。但或許你想知道如果肚皮先落水的話，3763.2 焦耳會是什麼感覺？你決定算算看撞到水面的時候速度有多快。這倒容易——把位能放在等號一邊，動能放在另一邊：

位能＝質量 × 重力加速度 × 高度

動能＝ 1/2 質量 × 速度$^2$

如果你的位能被轉換成動能，算式就是：$mgh = 1/2mv^2$

你的體重剛好可以左右抵消（看吧，就算你說自己是個胖子也沒差）。接下來把你所知道的數字代入，解出速度：

$$9.8 \text{ 公尺} / \text{秒}^2 \times 6 \text{ 公尺} = 1/2 \times v^2$$

從這就可以算出速度了，對吧？把等號左邊的數字乘一乘，然後兩邊都 ×2，最後再把等號兩邊都開個根號，右側就只剩速度一項。你算出自己會以每秒 10.8 公尺的速度撞擊水面，差不多等於時速 38.9 公里，這……哇，對於沒穿多少衣服在空中飛的人來說，算是相當快的。

還記得吧，你會以時速 38.9 公里的速度撞擊水面，而不是撞上磚牆。你認爲水有好處，可以讓速度漸慢下來，而不會突然停住。你撞到海面時，海水會用一、兩秒的時間讓你停下來，到時候你所有的動能都可以用來推開海水；要是撞上人行道，就不會像水那樣挪開讓位置給你，全部的動能都會轉換到即將摔斷的腿。不過反過來說，如果跳到人行道的話，就不會落入飢腸轆轆的鯊魚大嘴了。兩種狀況都有好有壞，只是頂著因撞擊水面而紅通通的肚子奮力游到岸上，總比全身骨折打鋼釘固定要好得多。

你在懸崖上站得夠久了，都快曬出泳衣的痕跡囉。你在腳邊的地上寫滿算式，而且聚集的人越來越多，好奇你是不是需要幫忙。只好跳了。你把由高度而來的位能轉換成以速度表現的動能，而且有了超棒的人生體驗、激動人心的科學實驗，還把自己「砰」地一聲大力撞擊水面前，那極爲怪異的可怕慘叫聲全都錄了下來。一切都很值得。

## 生活物理學：提高人生的能量轉換率

車子陷入泥巴或雪地的時候，需要將很多由汽油而來的位能轉換成動能：空轉的車輪、飛濺的泥巴，還有過熱的引擎。駕駛也會把熱量轉換成汗流浹背敲打儀表板的動能。結果並不怎麼有生產性，沒什麼價值，也不夠有氣質。

不論是困在除夕暴風雨裡的轎車，或是一邊輪胎卡進山溝的超大貨車，都能讓我們從中學到很多東西。早在幾年前，我就下定決心不再空轉。我列出一長串感覺像是空轉的活動：杞人憂天、小題大作、抱怨、受邀參加派對但沒空去（還跟人家說我有多忙）。我不會再做這些事。如果要休息，我就休息；如果要工作，就工作。如果無法參加派對，我就禮貌婉拒，再送些花過去。我不再讓自己空轉。

練田徑還有越野賽跑的時候，我們稱那些既沒挑戰性又休息不了的訓練叫「不上不下的訓練」。以比賽時的速度和休息時的速度交替鍛鍊，是讓跑者的身體進步最快的方式。如果每天都用不快不慢的速度練習，跑者的身體就無法感受到培養更多肺活量和肌力的必要性，還有可能冒著受傷或累壞的風險，因爲從來沒有機會休息。

雖然在跑步的時候知道「不上不下」的概念，我卻還是在工作和創意提案時犯了大忌。應該好好休息或全心衝刺的時候，反而東想西想，一直空轉。

我必須來點不一樣的。一旦發現自己在空轉，就換件事情做。我全心全意做那些看起來完全沒用的事情，像是去電影院看場以會說話的動物爲主角的電影，或是做些杯子蛋糕——最簡單的那種，用現成的預拌粉，一點都不難。等頭腦清楚了，再回去工作。如果停止空轉、眞正休息，很快就能再上陣；而經過卡通和巧克力糖霜帶來的眞正放鬆後，也會變得更有效率。

人的一生就這麼幾年，一天就這幾個小時，還有那麼多的創意要發揮。**如果想要運作得更有效率，就需要稍作休息。**如果我們一直轉個不停，那麼這一生也就不過就是陣無用的煙塵、噪音，還有燒焦的橡膠。對我來說，不想再多花一秒鐘空轉，因爲過去浪費得夠多了，想把握時間將自己的潛能充分發揮出來。我要付諸行動，不管是與生俱來或從經驗學會的任何才能、運氣、力量和幽默，都要讓它們產生動能，這樣當我嚥下最後一口氣的時候，就不會殘存任何能量。就算是手腳最快的救世主也沒辦法抓到什麼東西塞回我胸膛。

# 物理練習

**一、下列那一項不具有位能？煤、原油、圈狀彈簧、盪到最低點的鐘擺？**

**解答：**盪到最低點的鐘擺不具有位能，擁有的是動能。它會在擺到最高點時停止（此時位能最大），然後落下來回復最大速度（此時動能最大）。因此，鐘擺在最低點的時候充滿動能，但就是沒有位能。至於煤、原油和圈狀彈簧全都具有位能。

## 試著做做看！

**一、偷偷潛入體育館，爬上彈跳床，跳得越高越好，同時大聲問體操選手們以下問題：**

A. 什麼時候動能最高？什麼時候最低？

B. 什麼時候由高度差而來的位能最高？什麼時候最低？

C. 什麼時候彈性位能最高？什麼時候最低？

D. 你有什麼有用的祕訣可以提供給體操選手嗎？

**解答：**

A. 速度最快的時候動能最高。也就是剛要離開彈跳床往上跳，以及往下掉回來快要碰到彈跳床之前（就跟把球往上扔一樣）。彈跳到最頂端和在最低點——也就是彈跳床往下沉、準備把你拋回空中時動能最低（那時的速度是0）。

B. 彈跳到最頂端的時候，由高度差而來的位能最高。落到最底部的時候最低。

C. 彈跳床下沉到最低，且準備好要把你再度拋回空中的時候，由於彈跳床床面拉伸而得的彈性位能最高。只要你在空中，彈性位能就是最低。彈跳床已經把你彈開了，等著你又再落到它上頭。

D. 嘿嘿，應該沒有。不過每個人都喜歡聽到「幹得好！」這種話。當然，偷偷闖入體育館順便使用設備雖然不太正當，但幫選手加油並不犯法。

# 05 知道自己是哪一型：
## 原子的吸引與鍵結

有幾門課只有男校才開。後來我才明白那是個絕佳妙計，可以激勵女孩們在高中時代多選幾堂科學和數學課（比最低修課標準規定的還多一點）。如果我們想上化學、微積分或物理課，就必須走到對街、進入「男人國」去選修。這讓我和同學們全都想進一步研習數學與科學。做父母的聽到我們說這幾門課將有助於我們成爲成功的醫師、太空人或知名美髮師時，全都大感驚訝。

第一天上化學課的時候，我們這群人穿著格子裙集體行動。出於本能，我們知道腳上那雙及膝長襪可以讓任何愛挑釁的傢伙恢復溫和，說不定連他整個高中生涯都能改頭換面。

到了教室，我們聚在一起，占據靠窗的那幾排。男孩們則是三三兩兩散坐在靠門的幾排。然後，一位身穿襯衫和卡其褲的巨漢翩然走進教室，張開雙臂說道：「每次都這樣！女生在這一邊，男生在另一邊！」

他站在一整排男生面前，發號施令：「你們這排，全都起來，快快快。」接著他走到我旁邊那排女生前方。「午安，各位女士，歡迎到我們學校。能不能麻煩移到這一排去。」他指向剛才被清空的那一排，還有一堆搞不清楚狀況的男生。他用這種方法讓男生女生交錯坐。

我們很無奈地互相看了看。一陣混亂中，有人的書本掉了，被迫換位置的女生設法鼓起最後的勇氣整理儀容，唇蜜散發出棉花糖的香味。我們目瞪口呆地看著這位老師。這可怕的怪獸還有什麼絕招？

他轉身面對黑板，用粉筆寫下自己的名字，但我們根本不知道要怎麼念。然後他又轉過身面對大家，說：「你們可以叫我 G 先生。坐這一排的女士，妳們的實驗夥伴就是妳左手邊的那位男士。」他往右站了一步，重覆相同程序，直到全班都兩兩配成一組。

「這樣好多了。再過幾個月就是舞會，如果男生女生都不講話，怎麼可能找得到舞伴？」

我旁邊那個男孩眞是遜到爆：不合身的制服褲子、頭髮亂到不行、全身都是汽油跟炸薯球的味道。難道我眞的得跟這傢伙一起參加舞會？

「接下來，跟實驗夥伴做個自我介紹。」

「我是克莉斯汀。」我對著炸薯球說，仔細研究他用藍筆在網球鞋上畫出的條紋。

「我叫史胖奇。」他回答，還露出誇大而古怪的微笑。眞想跟他借出生證明來看，怎麼會有父母給小孩取名叫史胖奇？但我還是伸出手和他握了一握。這是身爲天主教徒的禮節。

一週一週過去，G 先生帶領我們深入化學的殿堂，我對他有了更多認識。他用鍵結、耦合、氧化還有電子親和力看待萬事萬物。他忍不住要把學生配成對，還鼓勵我們要彼此連繫；經過他的強迫配對，課堂的氣氛的確變得比較自然。在此同時，G 先生也協助同學們破解週期表的密碼：一百一十八個畫上不同顏色的小格子，裡頭有一或兩個字母，左上角和右上角都有數字。這些格子一列有十八欄，共排成七列，有些頭頂少了幾格，有些底下多出幾格。

很顯然，他的問題都可以在這裡面找到答案。就像猜謎節目的主持人，他會問：「有誰知道碳有幾個質子？」

我們就會搜尋週期表，找到裡頭寫著「C」的那一格，看看它上頭的數字，好幾人同時喊：「六個。」

「你們太棒了。眞是嚇壞我了。」他還會不帶表情地這麼說。

G 先生讓我們信心大增，鼓起勇氣了解元素週期表的基礎知識。每個格子裡的字母都代表一種化學元素、一種特別的原子；氫有一格、金有一格、氖有一格，每種已知的元素都有一格。很明顯的，碳用 C 表示，字母 C 上面有個數字 6，那就是它的質子數，而原子核內的中子數可能等於質子數（如果不是的話，這種原子會稱爲該元素的同位素，那就更有意思了。但目前我們只看質子數和中子數相同的原子）。

碳，有六個質子和六個中子一起擠在核心裡，還有六個電子繞著它打轉。我們可以把它想像成一個小型的太陽系（但是等到我高四上物理時，知道電子會有一些非常特殊的行為，完全無法用「原子的太陽系模型」解釋）。G 先生指指窗外的足球場，讓我們對於原子的尺寸有點概念。「如果原子核跟彈珠一樣大，電子就會在足球場那麼大的範圍裡繞著原子核飛。」我想像那幾顆電子穿著小小的釘鞋，在跑道裡不停轉阿轉。

他張開雙臂說：「世界是原子組成的，而原子幾乎空無一物。」

G 先生的意思好像在說，上帝發現世界「空虛渾沌」後，並沒做太多事情。我懷疑高二的《舊約》課老師——寶拉修女是否知道這件事。眞令人失望。說實在的，老天爺，我們對廻的期待更高。

G 先生在黑板上用小小的正號和負號畫給我們看，質子帶正電、中子不帶電，所以碳的原子核的電荷是正六價。正六價電荷引來六個電子，每個電子帶有一個負電荷，繞著原子核打轉。這時，每個原子都是個小巧而平衡的宇宙，原子核裡有同等數量的質子和中子，繞著它打轉的電子也完全平衡。

探討週期表一個星期之後，G 先生說我們現在已經掌握了化學世界。

我們知道怎麼找到每一種元素的質子數、中子數和電子數，而這些數字也規定了該元素的種種特性：熔點、凝固點、重量、硬度、密度、導電度，以及與其他元素結合的行為。「接下來要討論的是鍵結。」G 先生這麼說。「為什麼元素之間會互相吸引？」

講到「互相吸引」的時候，究竟是G先生故意放低聲音，還是我自己耳朵產生的錯覺？難道只有我想到原子還有分男女？G先生解釋，原子非常希望最外層的電子能夠排滿。喔，沒錯，它們的確希望如此（音效：接吻聲）。

好吧，感謝老天，原子眞的迫不及待地想結合在一塊：兩個氫原子和一個氧原子結合，就有了水；鈉跟氯湊對，就有了鹽；我們吃的蛋白質是由胺基酸構成，也就是按順序排列的許多氮、氫、碳以及氧原子。原子一個人待著也不錯，不過我們更需要它們的鍵結，以合成各種分子還有化合物，供我們生長、呼吸、順便幫一大碗爆米花調味。

## 原子的配對遊戲

只要注意碳、氧、氫以及週期表第一列其他原子的欲望，就可以了解它們如何讓最外層環繞的電子填滿。這些最外層電子稱爲共價電子，而共價電子的數目決定了一個原子的需求。當時，我們所研究的大多數原子都有個神奇數字八。最外層不滿八個電子的原子，寂寞而不滿足，它們想跟別的原子結合，因此會把彼此的最外層軌道混在一起，共用共價電子。

G先生解釋了電子如何在原子內排列，這時「最外層軌道」才有了意義——它就像是原子的外皮。週期表上的原子數越大，就表示原子核內有越多質子和中子，也表示需要更多電子，才能保持電荷的平衡。每一種原子的電子排列都傾向於以下原則：前兩個電子所占的軌道最靠近原子核。然後，下一層要用八個電子塡滿，再下一層一樣需要八個電子……如此接續下去。

氬，原子序 18，在最靠近原子核的軌道裡有兩個電子。下一層，有八個電子。第三層，再上加八個。氬完成了「2-8-8」的電子配置，而且不需要更多電子，十分愉快滿意。氯，是氬在週期表的左邊鄰居，原子序 17。這表示它的核心有十七個質子，外頭還有十七個電子圍繞著它。氯的電子從內到外的配置是「2-8-7」個。喔喔，外層軌道並沒有塡滿八個。氯很想再得到一個電子。有誰外層是一個電子的？就是它，寂寞的、小小的氫原子——穿著夏天的洋裝坐在門廊，夢想有電子把它帶走。一旦氯開著超跑飛馳而過，氫就被電到了。

氫原子伸出纖纖玉腿，用它的電子軌道纏繞著氯原子，十分願意拿最外層的一個電子和氯所擁有的七個共用。他們彼此都很滿意，一生都守著八個共價電子的關係——這就是共價鍵：原子彼此共享電子，好讓外層塡滿。週期表的每一欄（又稱爲「族」），各自具有相同的鍵結特性，這有助於我們當個現成紅娘，幫它們找到理想的另一半。

週期表最左邊，也就是第一欄的最上方，寫著第一族。氫和它下方一整欄的好朋友們，全都有著閃亮亮的外表，而且溫柔可人（金屬光澤和絕佳的柔軟度）。它們的最外層軌道只有一個電子，不喜歡落單的個性，使得它們在鍵結時有點……嗯哼，不挑。它們只希望有人愛，但它們的愛來得快去得也快。

週期表的第二欄，第二族，包含了長期受到忽視的鹼土族。它們最外層軌道有兩個可用的電子，和第一族一樣樂於分享。第二族的原子很努力地想高攀……比如氧原子，好讓最外層的電子軌道塡滿。

從第三欄到第十二欄，每一欄的人丁都比較單薄，是所謂的過渡金屬，但這稱呼可騙不了人，是不是啊？我們只在乎第十一欄的金屬——銅、銀、金。它們是金屬群中的明星：可延展但夠強韌，而且美麗又實用。它們從土裡挖出來，和其他沒那麼耀眼的原子們分離，因爲純粹的時候最美。這些漂亮的傢伙讓其他人相形失色；不過這也不能怪它們。因爲它們不容易生鏽，也難以僞造，雖然有一個或兩個電子可以分享，但要看上門的是誰，以及如何提出邀約。它們令人著迷，即使邀請也不會正面回應，但正因爲如此，才大受歡迎。

第十三到十五欄，隊長分別是硼、碳和氮。它們可以形成很棒的共價鍵。它們知道怎麼跟其他人交往、共創家庭、組織早午餐聚會。硼族擁有三個共價電子，碳幫有四個，氮小隊則有五個。它們只需要再多幾個電子就可以湊滿八個。這幾個團體裡的原子一個個長袖善舞，它們是原子圈裡的重要成員，和第一欄、第二欄那些來者不拒的傢伙不同。

第十六和十七欄，隊長是氧和氟，外層分別擁有六和七個電子。它們很清楚自己常常跟不同的原子交往，這讓它們對自己滿懷信心，並且覺得是件順理成章的事。他們樂於分享自己的電子，不過生性火爆（嗯，眞的會爆炸），而且要求很多。

週期表最右邊，你總算遇到一整欄不需要任何電子的原子——鈍氣。它們的最外層有滿滿八個電子，所以不想和別人結合，也只想獨善其身。其他原子認爲鈍氣很無趣，但是，誰在乎呢？氖、氬，還有週期表右側的其他原子，就像是原子世界的愛蜜莉·狄金生與特斯拉：聰明、多產、孤獨。或許它們並不是最棒的舞者，但是用餐時不會慌慌張張，比鋰或鈣強得多。

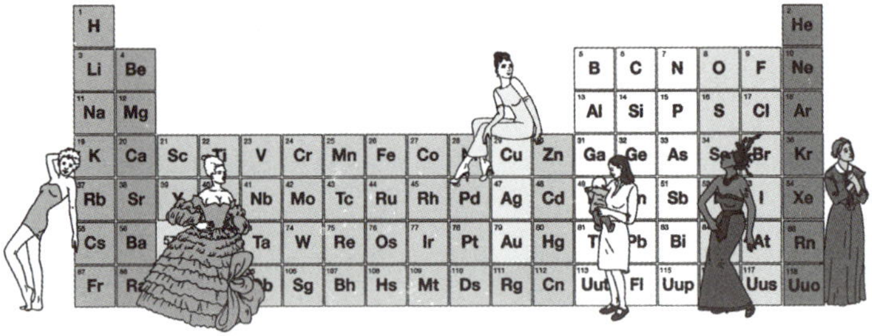


## 磁吸力：原子的激情本色

等我們徹底弄懂共價鍵之後，G先生接著講解離子鍵。這個時候，「配對」才眞正開始變得讓人臉紅心跳。離子鍵，原子並不像共價鍵結合那樣彼此分享電子，反而是以一股飢渴的熱情彼此相吸。一個原子失去電子，而另一個原子得到這些電子，於是它們帶有相反的電荷——除了瘋狂的磁吸力，沒有其他原因能讓它們黏在一起。

G先生描述：週期表右邊的氯原子外層有七個電子。但這回它並沒有利用共價聯姻和氫原子配對。它看中了鈉。鈉的外層軌道只有一個電子，於是它在週期表左邊不耐煩地四下張望；對了，鈉雖然喜歡跟外層只有一個電子的傢伙玩，例如鋰和氫，但它們幫不上忙。鈉需要一位擁有七個電子的原子跟它分享，好湊滿八個。趁著夜色，鈉偷偷跨過週期表，不管鹼金族說得多難聽，執意投入氯原子懷抱，雙手奉上自己唯一多出來的電子。

你以爲氯會把自己的電子拿出來分享？才不呢，它緊緊抓著鈉的那一個電子，填滿自己的外層。少了外層電子，鋰變成帶正電，氯變成帶負電，還因爲氯的自私行爲所造成的磁吸力而靠在一塊。它們是註定要在一起的激情分子對，雖然彼此都不完全滿足，卻也難以分開。

離子鍵和共價鍵那種共享電子的高尙行爲不同，但至少原子彼此眼裡都只有對方……事情才不是這樣。接下來，G 先生告訴我們，有些原子並不只和一個原子配對。

想要讓外層軌道有八個電子的執念，使這些原子做出足以讓父母震驚不已的事。G 先生描述，硫的兩手開開，對氫左摟右抱，大享齊人之福；而金屬原子的鍵結可以一直連個沒完；更過分的是一群碳原子竟弄出有亂倫嫌疑的苯環，這實在太下流了。

我們研究起限制級的原子私生活，G 先生的化學實驗同樣逐漸升溫。一排男生，一排女生，桌子也一點一點靠攏；錐形瓶上方的兩顆頭靠得有夠近，戴在頭上的護目鏡撞來撞去。G 先生的課火熱得冒泡。

我的實驗夥伴，史胖奇，他的外表對我一點吸引力也沒有。我想跟高瘦、機智、伶俐的派崔克配對。他坐在史胖奇後面，一隻腳伸到走道上，用專家級的技巧講話，而且看來只有我聽得見。

G 先生示範水沸騰時，溫度並不會升高的實驗。在我把頭靠向本生燈之際，派崔克低聲說：「要是老師再靠過去，兩道濃眉就要著火啦。」

我的眼睛仍然直視前方，但派崔克知道我有在聽。「沒關係，我已經有計畫了。我會把他推倒，在火還沒蔓延開之前，把他眉毛上的火揉掉。教室爆炸前妳要負責瓦斯開關。我們就會成為英雄。」

要板著臉還真不容易，不過我面無表情轉過頭去看了派崔克一眼，這一眼就是千言萬語：我來這是為了上化學課，請你別搗亂。還有，我想知道你的頭髮是不是棕色。

幾下來幾個星期，史胖奇往前幾步和丹妮絲搭檔，她和史胖奇一樣，用藍筆在鞋上畫條紋，身上散發出營養午餐的味道。派崔克占了史胖奇的位子，等到要用滴定管把鹼加進酸裡的時候，我們已經成了實驗夥伴。我們把石蕊試紙放到醋裡看它變色，膝蓋幾乎碰在一塊。

派崔克拿著橘色的試紙對照色輪，問：「看起來比較像三號色還是二號色？」　「兩樣都是橘色嘛。」我回答。「我們要分出有什麼差別嗎？」

我真正的意思是：我想把你壓在地上，揍你的臉，然後吻你。我偶爾會做些有你出現的亂七八糟怪夢。

## 生活物理學：了解自己的原子本性

我以為派崔克會邀我去參加舞會。我左思右想，看不出他有任何理由不邀我當他的舞伴。

我在化學課見到他的時候，正聚精會神地計算某個分子的分子量還是在找什麼的熔點。我們在田徑場遇到的時候，我正在思考當天比賽跑四百公尺時該怎麼配速。當時我還不知道，不管有沒有誰會邀你出去玩，不管你正在認真做什麼事情，可能還是需要抬頭笑一笑，最好是針對自己心儀的對象。要不然，這些傢伙可能並不知道你對他們有意思。

我的行為舉止就是典型的鈍氣。但是連我都沒發現，那正是我的原子本性。週期表右側那些鈍氣的最外層軌道全都是滿的，而且名字都像神祕的超級英雄（氦、氖、氬、氪、氙、氡），也不和其他原子交往。「熱情如火」不會用來形容它們。它們認真而努力地工作，對於和其他元素結合沒什麼興趣。因為最外層軌道已經填滿，使得鈍氣看來像是心滿意足的孤鷹。

我不是要自吹自擂，以為自己像氙或氪那麼稀有又昂貴，頂多覺得自己像是端莊的實驗室級氬氣。真希望我高中的時候就知道這些。我花了好多年才發現自己的原子本性，也許是因為花了太多精神在研究鍵結類型。許多電影、歌曲、音樂影片都在頌揚初吻、舞會、團隊運動、真愛，以及其他能把最外層軌道塡滿的各種活動，卻很少有什麼影片會拍星期六起個大早獨自去跑步，或是整夜研究渦輪機效率這種主題。

如果你找到自己的原子本性，卻不怎麼喜歡，也許會想：只要加或減一個質子，就可以跳到週期表的其他位置。喔，要是那麼容易就好了。最早期的化學家就是想這樣發大財——把某種元素變成另一種，但這些創業家花了不少功夫才弄懂我們化學課所教的內容。

## 騙人的煉金術

早期的化學家發現，灰撲撲的鉛和美美的金有很多共通點：它們都有延展性，也不容易被腐蝕。藉由現代的週期表協助，我們可以知道為什麼金和鉛像是姊妹。它們在週期表上屬於同一列。鉛的原子核裡有八十二個質子，金有七十九個。只要把鉛的質子拿掉三個，就是金囉。簡單！我們可以用鉛做一個純金的三層王冠！

很不幸的，把鉛煉成金就跟撐竿跳或阿根廷探戈一樣，看起來容易，做起來可沒那麼簡單。要把質子從原子核裡拉出來或加進去需要極大能量。的確，核分裂（把原子核分解成較小的幾個原子核）會在某些狀況下自然發生，可是除非是自然形成的，否則核分裂與剛好相反的核融合（就是把質子加進原子核），都無法靠著對於原子構造的一般知識和手持噴燈在你家車庫搞出來。如果你決定要改變原子裡的質子數目，最好有點自知之明，因爲你將涉入曼哈頓計畫的領域（二次大戰期間有關研發與製造原子彈的重大軍事工程）。如果沒辦法弄到原子反應爐或跟原子彈同等級的東西，不管你多想改變原子核裡的質子數，都不可能。

當早期的化學家發現可以用一種規律的方式把所有原子都排在表格裡時，一定非常興奮。他們只要依據重量把元素排成八欄，就可以看出它們的性質和鍵結行爲有種簡單的規律。將來如果發現元素並不適合那位置，就必須調整週期表。一旦週期表出現空格，科學家就知道宇宙中還有某種元素存在，即使還沒眞正找到。**週期表不會有空格**。或許有種元素只能在實驗室裡出現那麼一瞬間，但就是不會留下空白。週期表裡的每一個元素都要有意義，才能讓宇宙擁有全部的建築原料。

不管我們屬於哪種原子本性都很好，而每種鍵結也都在世界上占有一席之地，不管是跟氖一樣單獨漂浮在大氣當中，或是像下方的碳原子鍵結享受美好的生日派對與車庫大拍賣。如今我已接受自己是鈍氣。在那之前，我試過各種方式，想成爲狂野且無憂無慮的氫原子，結果我累壞了。我無法忍受浴室裡的髒酒杯和內衣裡的糖果，我不是那種人。如果明明身爲氫，卻想當個鈍氣，道理也是一樣。一整天都在圖書館裡看古地圖，然後直接去體育館游個幾趟泳，會讓它們無聊到爆。

如果你是忠誠、可和別人鍵結的溴，原子核裡有三十五個質子，而周圍的軌道有三十五個電子，可能會很想加入一個質子，變成特別而孤單的氪。不過，嘗試進行任何變換之前，重要的是捫心自問：是否值得為這樣的轉換製造出蕈狀雲和放射性落塵？換工作、增加三頭肌的弧度，那都沒問題，但改變你最核心的自我——怎麼結合、過生活、談戀愛？那可要複雜得多。

如果你發現自己對朋友說：「不知道為什麼，但我就是喜歡遙不可及的男人。」或「和我約會的那些女孩，最後都會趁我工作時把家具全都偷走。」說不定是因為你還沒找到真正的鍵結本性。我知道精神科醫生和家庭諮商師可能會說事情才沒那麼簡單，不過弄清楚自己到底是誰、想怎麼和別人結合，不是很好的開始嗎？

和原子一樣，我們的核心有某種獨一無二的東西。把我們的核心分解，就等於進行核分裂或核融合——耗費能量、具爆炸性，而且很可能留下危險的殘餘。如果你是可靠的鐵，想要成為精明的氬或奇特的鏤，可能會把自己搞得灰頭土臉。很痛，而且沒用。如果是鐵，就做個鋼鐵人吧；如果是碳，就順著天性吧。**世上每一種鍵結都有它的容身之處，就像週期表上每一種元素都剛好有一格。**總有某人和你絕配——你當然也有可能是鈍氣。**不管是哪一種，你在宇宙裡都占有獨特位置。**

# 物理練習

一、你辦了一場雞尾酒會。客人是單獨的原子，分別是：氯、鎂、碳、氧、鈉、砷和氬。結果酒會走樣，開始失去控制。氯（七個外層電子）在找多餘電子的時候遇上鎂（兩個外層電子）。這對氯來說應該不成問題，可是等兩人靠近時，九個電子卻讓彼此都覺得太過火熱。它們熱得冒汗，在屋裡東看西看，想找個辦法丟掉多的電子。

碳（四個外層電子）和氧（六個外層電子）一開始還算不錯。它們吃著芹菜棒、起司塊，聊著要去哪找生日表演的小丑，還有它們多感謝電子式的新生兒禮物單。碳和氧覺得彼此門當戶對，因爲它們並不是那種電子很少的可憐人。然而，等距離更近、形成一氧化碳後，就有了十個外層電子，電荷就超過了。

鈉（一個外層電子）在角落醉倒，而砷（五個外層電子）又幫它倒了一杯，還問它能不能找兩個朋友來幫忙。氬（外層塡滿了）在廚房洗碗盤，冷眼旁觀這一切，覺得這幾個原子在派對裡的行爲眞令人難過。

酷！神祕的氪帶著另一個碳來了。你要怎麼做才能把派對拉回正軌？

**解答：**跟氧說你需要它來廚房幫忙開香檳。再問問鎂是否願意嘗嘗你做的莎莎醬，看看夠不夠辣。當鎂和氧在廚房彼此熟悉的時候，把落單的氯交給鈉；別忘了要氪盯好砷。氯的七個外層電子和鈉的一個自由電子，會讓這兩人很快陷入熱情的擁抱。砷會生氣，因為它以為自己和鈉已經培養出感情了，不過在氪的監視之下，砷還不至於摔破你的酒杯。

兩個碳不需要多做介紹。它們很快就會手牽手擬定計畫、創立慈善事業、為不幸的兒童提供社群媒體諮詢。在砷還想喝更多、好借酒裝瘋之前，請氬開車送他回家。反正氬會找個理由先回去。

現在你有氪可以幫忙維持秩序，家裡一團和諧。對了，大家都離開後，可別勾引氪。他對這沒興趣。

## 二、你屬於那一族元素？依據這個回答，你應該和哪種人交往或是結婚？

**解答：**如果你是鈍氣，就只能和其他鈍氣交往，因為你對一般的約會對象來說，既無趣又無情。如果你和碳或氧在同一欄，試著找和你同一欄的。門當戶對。不要受誘惑，和猴急的左邊鄰居交往。

如果你在週期表左邊，只有少數共價電子，急著找個伴，那就隨遇而安吧。別去找氧那種類型的人。先確定對方會對你好，並且了解你帶來的少數幾個共價電子是兩人的無價之寶。不要跟同樣在週期表左邊的那些傢伙結合，因為電子還是不夠多，就會再去找其他更能讓人滿足的傢伙，這對你們的關係不好，對吧？

# 06 SOS！在荒野求援：理想氣體定律

理想氣體定律是條小小方程式，描述大多數情況下大多數氣體的體積、壓力和溫度之間的關係。這句話活像是律師說出來的，提醒我們：這條定律並不適用於宇宙的任何地方，但如果用在我們日常生活會遇到的狀況，那麼這項定律就是貨眞價實的寶貝。而且，理想氣體定律是個偉大模型，讓我們看到在封閉系統中，不同的變項如何相互影響。還可以把這條定律稍做修改，得到完美任務定律——**在壓力下仍能有好表現的指引法則。**

如果你對數學很內行，大概可以想到理想氣體定律表示爲 $PV = nRT$，其中 P 是壓力，V 是體積，n 是氣體的分子數量或莫耳數，R 是一個想像出來的常數（爲了讓其他數字都配合得恰如其分），而 T 是溫度。如果你的數學不怎麼樣，可以把理想氣體定律簡單想成「有史以來最顯而易見的科學定律」的強力候選人。

理想氣體定律，以及它的超簡化版本查理定律和波以耳定律，這幾個方法全都用來是計算並定量你早就直覺了解的事情。舉例來說，如果我們把氣球裡的空氣放出，氣球就會變小——只要我們沒有耍什麼心機，例如改變溫度或改變氣球外的氣壓。早在大家都還是幼稚園小鬼頭的時候，我們應該都會注意到氣球放氣就會縮小。這並不是什麼最新消息。

雖然沒什麼新奇的，但理想氣體定律確實能讓我們更詳細檢視和氣體有關的一切現象，讓我們進入氣體分子的祕密生活。這裡的「分子」除了指 $CO_2$——二氧化碳之類的分子氣體，也指單純古老的原子氣體，例如氦；在理想氣體世界裡，可以把它們當成同樣的東西。氣體分子們並不會乖乖待在同一個位置。如果氣體分子夠大，就可以看到它們到處亂跳，一直動個不停。它們擁有的能量越多，動得越快；動得越快，溫度也就上升得越高。只有在絕對零度（攝氏零下 273 度）的狀態裡，分子才會幾乎完全靜止，否則這些分子幾乎都是瘋狂的舞棍。

爲了示範分子層次的氣體活動，G 先生在講桌上放了兩個有水的燒杯，一個裝冰水，一個裝滾水。他拿出一顆金屬球，看起來就像古老的聖誕裝飾品，還用一根細管子把它和一個小小的閥門與壓力計連在一起。他把小球浸入冰水裡，壓力計的讀數並沒有動靜。「了不起。」可愛的派崔克站我身後小聲說。現在看來並不怎麼值得記在心裡。

但是當 G 先生把球放進滾水的時候，球內的壓力竄升。他解釋說，金屬球裡的分子因爲被加熱而動得更劇烈了。移動的分子彼此撞擊，並且推擠金屬球的壁面。眾多分子撞來撞去，就成爲可以測到的壓力。

G 先生打開閥門，放出一點熱氣，讓裡面的壓力和教室中的大氣壓力平衡，然後又把閥門關上。G 先生再次將金屬球放入冰水中，這時薄薄的金屬球發皺凹陷，就像牛仔腳下的空啤酒罐。依照 G 先生對這個現象的解釋，我想像金屬球裡有好多跳個不停的分子。

球內分子（溫度和室溫相同）原本按著正規小步舞曲的步調跳舞，就像聽莫札特一樣。它們彬彬有禮地面帶微笑，只讓分子們的小手相碰。金屬球浸入熱水的時候，能量增加（溫度上升所帶來的），分子樂團開始演奏一些早期搖滾樂，男生扯開硬邦邦的外套，女生把盤起的頭髮放下，大家開始搖擺起舞，跟小步舞曲比起來更容易撞到別人。愛現的分子甚至會把舞伴拋到半空中、從胯下甩過去，大家撞來撞去的，不時還會撞上壁面，這些都會讓金屬球內的壓力升高。 隨著溫度持續上升，樂團奏起更狂野的節奏，分子們開始瘋狂地手舞足蹈、脫掉毛衣用力甩開、把掛在小小身軀上的 T 恤撕爛，還四處噴漆塗鴉。它們變成龐克族、在嘴唇上打洞穿環、到處敲敲打打。如果分子們空有一堆能量卻無處發洩的話，就會發生這種事。

**只要把分子們關在一起加熱，內部的壓力就會增加。**那些空氣分子跳來跳去，撞上金屬球壁。它們急著展現拿手的舞步，可是眞糟糕，一直撞上牆壁。它們需要表現的空間！ G 先生釋放一些分子，讓金屬球裡面沒那麼擠，讓它回復加熱前的壓力，分子們就有空間可以伸伸手腳。它們又可以像之前那樣熱舞，而且比較不會撞到牆壁，也就有更多自由可以舒展。

當金屬球裡面的空氣又冷卻下來的時候，能量降低、音樂變慢，分子們也變得克制。它們發現舞池空了一半。其他人都跑到哪兒去啦？分子們清清喉嚨，尋找自己亂扔的衣服。它們再度跳起客氣有禮的社交舞，低頭看著自己的腳，避免眼神接觸。它們不再需要這麼多空間，而且現在人也比較少了，幾乎不會撞到金屬球內側。球內的壓力比外頭的大氣壓力低，於是壁面往內凹陷。派對眞的結束了。

多年後的某個大熱天，我回到車上，發現有一罐麥根沙士炸開了。因爲看過 G 先生用金屬球做過的示範，所以我知道爲什麼。麥根沙士裡的二氧化碳如果受熱，就會對罐子內壁施加壓力。到最後，壓力大到必須要有更多空間才行，但因爲罐子無法像氣球或自行車胎那樣大幅膨脹，於是驚天動地炸了開來，整個車廂都是黏黏的麥根沙士。後來，我的車裡就一直有種很好聞的懷舊冰淇淋店甜味（即使那罐麥根沙士在寒冬中凍得硬邦邦，還是一樣會炸開。老實說，你怎樣都鬥不過這些罐裝麥根沙士的）。

## 哇！好多零啊！

理想氣體定律中，小寫的 n 代表參與的氣體原子或分子數量。不過呢，講到原子數量，麻煩就來了，數字很快就大得令人不可思議。簡單來說，你會點六打甜甜圈而不是七十二個甜甜圈（哇，甜甜圈可別吃這麼多）。我們利用「莫耳數」來描述原子的數量。一打是十二個，一莫耳是 $6.022 \times 10^{23}$。這是個龐大的數字，不過它只是一個數字，沒有像是公斤或公升之類的單位，就只有 $6.022 \times 10^{23}$。就像瑪丹娜、碧昂絲或是伏爾泰等等人名，不需要再加別的稱呼。

會選用這個特別的數字，是因爲 1 公克碳 -12 就含有這麼多個原子，就是最常見的那種碳，有六個質子和六個中子。我們怎麼算出這數字沒那麼重要，但談論一大堆原子的時候，用莫耳數來表示比較方便。舉例來說，如果你測出一瓶純氧的壓力，也知道它的體積和壓力，就可以很簡單地說那瓶子裡頭有 3 莫耳氧原子，用不著寫出瓶裡的氧原子數有 1806600000000000000000000 個。

大約五十年前，義大利物理學家亞佛加厥過完孜孜不倦的一生，大家就把這個極大的數字稱爲亞佛加厥常數，紀念他對氣體質量與體積之間相關特性的研究成果。

他是個很嚴格的人，不過我覺得如果他知道現在的學生要背這個數字，還會把他的名字「Avogadro」拼錯，一定很想笑（發音跟英文的「酪梨」〔avocado〕簡直一模一樣。如果你一聽到亞佛加厥常數就想到酪梨醬，那絕對不是你的錯）。

## 在沙漠中求援

如果你在沙漠進行考古挖掘，結果無線電壞了，一定會爲自己懂得氣體的壓力、體積和溫度之間的關係而感到高興。太陽下山、氣溫降低，來幫忙的大學生們開始驚慌失措，但是你早就擬好應變方案，可以把你的所在位置傳送給基地。你有火柴，問題是附近找不到可以燒的木頭。在溫度降得比掘井工人的屁屁還低之前（就是很冷很冷的意思），你並沒有多少時間可用。

你神色自若地指揮這批來幫忙的學生，每人發一個用來放工具的塑膠袋。這是計畫的第一步，而且還能讓大夥有點事做，別再一邊啜泣一邊聽外頭成群的郊狼呼號。接著你要他們把原本拿來篩沙子的金屬網拆掉，協助大家做出比巴掌再大一點的鋼圈。做好後，再在鋼圈上交錯加幾根鐵絲，就像自行車輪那樣。這時，你把自己的T恤撕成小條（位置要挑好，別撕到衣不蔽體），再用火柴熔化蜂蠟護唇膏，滴在布條上。

現在天色已經全黑。就像《蒼蠅王》所描述的，學生們開始惡言相向。你請其中兩人抓著塑膠袋和金屬線做成的巧妙器具，要他們捏著寬鬆的袋角，讓鐵環垂在底下。這時，你用鐵絲把T恤和護唇膏做成的蠟燭纏在鐵圈中央，將它點燃。等袋裡的空氣變熱，變得比周遭的冷空氣輕，就要學生們放手。可愛而明亮的熱氣球就這麼升空啦！你和學生們每隔五分鐘釋放一座美好的小天燈，告訴外界你所在的位置，直到你聽見基地吉普車的隆隆聲。

你是因爲理想氣體定律的知識而獲救！ $PV = nRT$ ！溫度上升的時候，受熱的氣體分子在塑膠袋裡活蹦亂跳，幾乎待不住。也因爲裡頭的空氣分子數少於周圍的空氣，才會比周圍空氣輕，也才能往上飄。

## 生活物理學：有捨才有得

高中時代，我不只在 G 先生的課學到所謂的壓力，其他的老師也都很樂意教我如何處理壓力。學校每天有一大堆作業，每一門課都要寫報告，就連化學課也是。好在，我在肌肉堆積乳酸的同時看出散文體的可能性，並且設法靠著無氧運動想出一篇五頁的大作。當時，我認爲老師都不知道其他老師指派的作業有多少，而他們不是健忘就是殘忍。不過現在我能理解他們的策略了。由於超過負荷，我學會如何面對截稿期限、應付壓力。

理想氣體定律點醒我，如果有什麼必須維持固定不變，那就要讓別的東西能夠變動。找出能有彈性的變項，針對它想辦法。假設你置身於郝思嘉的處境，必須在一小時內用窗簾布做出一套衣服，還沒人幫忙，那就別弄得太花俏，無袖及地長洋裝就好了，連裙邊也不用縫。但萬一你和灰姑娘一樣，有一大批老鼠裁縫師幫忙做舞衣，不妨來個低胸束腰蓬裙外加公主袖。當你身處壓力之下，要能馬上判斷可以運用的資源，以及實際上能做到什麼地步，可別慌慌張張穿著內衣就去應門。

# 物理練習

一、理想氣體定律指出，壓力和體積與氣體分子的數量及溫度成正比。PV 和 nRT 成正比。請問：下列各種情況中的壓力有何變化？

A. 沒有增加更多氣體分子，而且溫度不變，但氣體占的空間增加。

B. 體積和溫度維持相同，但氣體分子數目增加。

C. 同樣數目分子的氦氣代換氧氣，同時體積和溫度不變。

D. 體積與溫度穩定，數量也固定的氮原子，接受另一個體積大小的氧原子邀請，參加酒後高速公路直線競速賽。氮原子因為危險而拒絕了，氧原子笑他們是膽小鬼，說午餐時再也不要和他們坐在一起。

解答：

A.壓力減少。

B.壓力增加。

C.壓力仍然一模一樣——所有氣體都以同樣方式遵守理想氣體定律。

D.同儕壓力增加。

---

二、戴上你泛黃的義式鴨舌帽，向亞佛加厥致敬！

A.一莫耳氬有多少個氬原子？

B.一莫耳蒸汽有多少個水分子？

C.一莫耳松鼠有多少隻松鼠？

---

解答：

A.一莫耳氬有 $6.022\times10^{23}$ 個氬原子。

B.一莫耳蒸汽有 $6.022\times10^{23}$ 個水分子。

C.一莫耳松鼠有 $6.022\times10^{23}$ 隻松鼠。數量實在太多了，我們的堅果一定會被啃光。

### ♡試著做做看！

一、拿一只玻璃花瓶，開口剛好比白煮蛋再小一點。點燃一小張紙丟入瓶內，接著把一顆剝了殼的白煮蛋放在瓶口上。當火焰熄滅，那顆蛋就會被吸進瓶裡。

A.為什麼會這樣？

B.瓶內有顆白煮蛋困在裡頭，你該怎麼辦？

解答：

A.回頭看看我們的好朋友——理想氣體定律（PV＝nRT），你可以看到，如果氣體分子數目保持不變，且體積相同，壓力和溫度就會成正比。溫度上升，壓力就必須上升；溫度下降，壓力就會下降。

如果把白煮蛋放在瓶口（這時瓶內的空氣是熱的），等火焰熄滅，裡面的溫度降低。還有什麼會降？沒錯，壓力。這顆可憐的蛋就會卡在瓶子（壓力較低）與瓶外（原本的大氣壓力）之間。一定要有一邊退讓，結果就是白煮蛋先生。

B.唉呀，真是抱歉。但願那不是你最喜歡的花瓶。你還是有辦法把蛋拿出來。把花瓶直立放好，插入一根吸管，接著把花瓶倒過來，讓蛋滑到開口處，並把空氣吹入瓶子裡。當瓶內氣壓比瓶外的氣壓更大時，白煮蛋就會蹦出來。跟它掉進去的道理一樣。那可憐的白煮蛋今天真是夠折騰的了。

# 07 大家的加速度都是一樣的：重力無所不在

第一天上路西鐸老師的物理課，他要我們叫他「教練」。他很認眞地解釋說自己並不是要來教大家物理，然後評量有沒有學好，而是要帶領我們成爲物理學的巨星。接下來，他要我們分組，拿著碼錶和皮尺測量重量加速度。

教練告訴大家，要用不同大小、不同質量的物體做實驗。我們把鞋子和鉛筆的重量記錄下來，乖乖地一個接一個讓它們從走廊掉到下面的庭院。碼錶準備妥當後，高喊「就位」，然後等到確定沒人經過，再喊「沒人了」。測量物體掉落的距離和時間，就能算出它的加速度。

我們知道，物體掉落的初速度爲0。教練要我們算出一個重物在離手後，每秒會增加多少速度？比較輕的東西又是如何？等我們把答案全都算好，才發現這問題是個陷阱。每樣物品加速的速率都一樣，不管它的質量有多少，解答只有一個：**9.8**。意思是一件物品往地面掉落時，每秒會增加多少速度（公尺/秒）。 我們抗議：「羽毛和貓掉下來要比石頭慢得多。」教練的回答則是：「那是空氣阻力造成的結果。」貓掉下來的時候會把四肢伸展開來，像滑翔翼一樣，讓速度慢下來。要是沒有空氣的話，貓再怎麼伸展，也不過和狗一樣。沒錯——像隻狗。那眞是對貓的嚴重侮辱。

路西鐸教練解釋，伽利略讓不同大小的砲彈從比薩斜塔掉落，證明了重力（你也可以叫它「引力」）是公平的。我們拿鞋子和鉛筆從高處落地，就能得到和伽利略一樣的發現。**加速度都是一樣的。**

除了公平，重力的頭腦也很單純，它不在乎其他特殊狀況。如果你手拿一顆子彈讓它往下墜，它會跟你用左輪槍在距地面相同高度射出的子彈同時落地。你射出的子彈一直往前飛，在落地之前水平走了一大段距離，但仍然會和從你手中掉落的子彈以相同的速率墜地。

伽利略是所謂的物理學教父，而第一位眞正的物理學巨星是牛頓。說他是位巨星，因爲他除了發明微積分，並爲運動定律和重力下定義之外，還符合其他條件。他留了一頭長髮、脾氣相當暴躁，而且很好強、極富創意。另外，聽說他每回演講都要吃特定品牌的杏桃口味茶點和蘋果酒——但這項傳聞並沒有得到證實，我也沒實際見過牛頓演講的預約單。

就和每位傳奇人物一樣，巨星牛頓有好多小故事到處流傳，對錯無從證實。你可能聽過一個，就是他坐在蘋果樹下發生的事。有顆蘋果掉了下來，打在他的頭上，他開始思索那蘋果究竟是怎麼一回事：有什麼力量作用在蘋果上嗎？宇宙中的每個地方都有相同的力在發揮作用嗎？

不管牛頓和蘋果究竟出了什麼事，但我們知道，在任何正常人早就把掉下來的蘋果拿去做蘋果派的時候，牛頓一再深入思索這個神奇的力量。他想出了重力的一般公式：**宇宙中每個物體都會彼此吸引。**這眞是從掉落的蘋果跨出了一大步。每個物體都在拉其他物體？地球的質量在拉蘋果，但蘋果的質量也在拉地球嗎？沒錯，牛頓就是這麼說的。不過，既然各物體所展現的拉力和它的尺寸比正比，地球就不太會受蘋果那點質量影響。但另一方面，蘋果卻被用力地拉向地球。

那麼，如果相同質量的兩個物體彼此相吸會怎麼樣？擁擠的房間裡，你的質量對其他每個人都有作用，但爲什麼你們不會撞成一堆？這麼說好了，由於物體都會互相吸引，而附近最大的物體要算是地球，因此地球吸住你的力量要比人與人之間相吸的力量大得多。

跟我們很小的身體或是小到不行的蘋果比起來，地球的質量實在是大到不像話。正因如此，能發生效用的似乎就只有朝向地球的拉力。

## 搖滾巨星善用重力

重力堅持對於所有質量一視同仁。下回你上臺演唱時，如果想做個耍帥丟麥克風的動作，或是想從舞臺往下跳進觀眾席的話，它可以助你一臂之力。

首先你要確定已經熟悉以下動作：雙手往身體兩側打開時，

可以很快把無線麥克風從這手拋到另一手。你可以在家裡客廳先練習練習。

這動作很帥，而且相當容易，只要你能維持直視前方，只靠眼角餘光看到左右手。然後使勁一甩，讓麥克風從前方飛越。

接下來，從舞臺直直跳起，然後落地。如果你還是在客廳裡練習，那就從沙發上起跳。直直往下跳的同時，繼續把麥克風放在兩手之間來回拋；就跟你靜止站在舞臺上不動的時候一樣容易接住。你身體的質量雖然和麥克風不同，落下的速度卻是一模一樣。

你把麥克風從身體這邊水平拋往另一邊的時候，重力會在垂直方向施加它一貫的拉力，絲毫不去管水平方向發生了什麼事情。像這樣做事眞是心無旁騖。所以說，假設你有辦法在一次跳躍中把麥克風來回拋好幾趟，只要兩腳一樣跳起，一樣落地，絕對都能穩穩接住麥克風，而且看起來眞的是酷斃了。整個程序就像這樣：唱—跳—拋—拋—落地—合音—從前排蹬回臺上—唱—合音—大結尾。重力和前排觀眾都會幫你的忙。

## 狙擊手的科學

有經驗的長距離射手十分熟悉重力的影響。他們知道，當子彈「咻」地飛往目標時，彈道會漸漸往下掉。如果是近距離射擊，子彈落下的時間有限，重力的作用也就能略而不計（別講太大聲，重力不喜歡被忽略）。但如果目標很遠，重力就有時間對子彈施展加速度，並且累積成實際的垂直距離。

如果你正準備營救被某個小島暴君抓去的人質，了解重力的這項特性會對你們很有幫助。舉例來說，你和隊員一直在監視囚禁人質的那幢小屋。人質用化妝鏡對你發送摩斯密碼。他們表示：過得還算不錯，只是每天見到荒唐暴君誇張的髮型卻要忍住不笑比較難。你們相距 110 公尺，你已經準備好要救出人質，卻不太確定怎麼做。夜幕低垂，人質發出「熄燈」的信號，你知道他們需要把外頭的燈弄熄，黑漆漆的才好逃命。你無法靠近電源，所以必須把建築物前方的探照燈打滅。

就你所知，距離是 110 公尺，而你發射的子彈會以每秒 914 公尺的速度飛出去，很快地把單位轉換一下，算出子彈的飛行時間大概是 0.12 秒。在這 0.12 秒當中，重力會把子彈往下拉 7.06 公分。於是你瞄準探照燈上方七、八公分的位置，把燈打壞，人質們拚命從裡頭逃出來。

由於暴君堅持守衛跑的時候頭不能亂動，而且脖子要挺直，因此人質們很輕易就能跑得比衛兵還快，逃到安全地帶（當然，你也可以直接射衛兵，不過那不好玩。被迫像鴕鳥一樣跑步已經算是懲罰了）。

## 力場的影響：無處可躲

考量重力影響的時候，可以用重力場來想像，不過這並不是什麼真正的場地，比較像是影響範圍。譬如說地球表面，很明顯是一個受地球質量所造成重力場影響很深的地方。地球的重力作用會往太空延伸出去──太陽、木星還有所有其他行星都一樣。離那些拉著我們的大東西越遠，重力就會越弱，因此我們站在地表上的時候，木星的重力作用就可以忽略不計。在地球表面受地球重力場的影響最大，當我們跳舞或踩著高跟鞋走路時，也只需要考慮這項。

當某個男人帶著濃濃的古龍水味走進房間時，我就會想起「場」和「作用力」。越是靠近那男人（古龍水香味的來源），越能聞出混合了佛手柑與杜松的香氣。如果你走到離他較遠的位置，仍然待在古龍水的場中，就只能嗅出一點高調的橙香。如果所有人都離開那房間，只剩那男人獨自一人調整著袖扣，請問古龍水的場還在不在？就和重力場一樣，答案是：**還在。**場一直都在；只不過沒人體驗到它的作用。

## 生活物理學：人人都受重力作用

每次上物理課，路西鐸教練就會選一位同學，要他把上次作業的答案告訴大家。被挑中的同學可以從教室四面都有的黑板中選一塊，用公式、箭頭和火柴人圖畫寫出答案。如果被點到的同學不知道答案，班上其他人可以出聲，告訴他數字和公式。教練只有在全班都卡住的時候才會幫我們解決問題。

每天我都看著同學站在黑板前：卡洛琳矯正過的牙齒整

整齊齊、萊恩全家去夏威夷度假回來曬得黑亮、吉兒的香奈兒包包上掛著積架跑車鑰匙。他們努力弄懂行星的軌道運行、花式滑冰，或是加速前進的競速雪橇，但有時候我會比他們更早知道答案。我有種感覺，即使這些人似乎在人生的道路上占了先機，重力還是會拉著他們往下。**也許我們生在不同的家庭背景，卻還是要接受同樣的宇宙定律。**在黑板上或生活中弄懂這些定律，對任何人來說都不是簡單的事。

在黑板計算的時候，不管是誰，只要用到重力，都是同樣的數字：9.8 公尺 / 秒$^2$。這世上還有重力，以同樣的加速度拉著萬事萬物，毫不妥協。它就像學生餐廳裡的安妮修女一樣——不能插隊，也沒有免費的冰淇淋。

回到高一，上《新約》課的時候，艾蓮諾修女就說過：「我們都以爲自己受的苦最深。」她看著教室裡的每一個人，同學們的表情裡連一絲懷疑都沒有。不管艾蓮諾修女或聖保祿說過什麼，我很確定自己承受的要比其他同學更多。如果是孤兒院或貧困的鄉下出身，這我當然比不過，但在這教室絕對無人能及。然而，到了四年級，我已經知道同學們過的日子未必比我輕鬆。一位同學的弟弟得了白血病過世，另一個同學的爸媽在她高二時離婚，還有一位同學家裡宣告破產。我曾去過那幢豪宅，大廳放了一架平臺鋼琴，一進門就有水晶吊燈，卻因爲沒錢付帳單而被水公司斷水。我們在她家後院、給妹妹用的嬰兒泳池裡洗手，她頭低低的不敢看我。隔年她就轉學了。

學校裡有好幾位女孩瘦到不行，結果開始掉髮，臉頰凹陷到恐怖的程度。她們午餐時只喝健怡可樂，骨瘦如柴的手指握著鉛筆，除了追求完美身材，又要追求好成績。

我開始構想一條相當冗長的等式，希望人的一生加加減減後還是可以平衡。等式的左邊是我還沒出生，生父就在越南爲國捐軀；右邊是他的撫卹金成爲女兒（也就是我）上大學的費用。再回等式左邊，我媽神祕的癲癇發作連醫生都束手無策；另一邊，她對我完全信任，讓我好幾次假冒她的簽名請假——這都是因爲我能照顧自己才贏來的。這條冗長的等式一邊是好，一邊是壞，人的一生一定會平衡過來。如果沒有平衡，至少我知道好的或不好的我都遇過。

就算是最幸運的人也逃不過重力作用。當然，富二代可能有既美貌又具權勢的父母，可是你不也活得好好的嗎？也許他出生時含著金湯匙，而你只能唱〈金包銀〉，但是我們呱呱墜地時的加速度都是一樣的。

## 物理練習

一、假設你把 0.9 公斤的水球丟出窗外，1.5 秒後才落地，請問爆開時的速度是多少？如果是 6.4 公斤的水球又如何？

加分題：你丟水球的窗戶高度是多少？

解答：0.9 公斤的加速度是 9.8 公尺 / 秒$^2$。也就是說，在空中每待 1 秒，速度就增加 9.8 公尺。水球飛行 1.5 秒的過程當中，會加速到 $1.5 \times 9.8 = 14.7$ 公尺 / 秒。6.4 公斤的水球會以一模一樣的方式加速，當它落地砸破時的速度也一樣是 14.7 公尺 / 秒。

加分題答案：水球的速度從 0 加速到 14.7 公尺 / 秒，把 14.7 公尺 / 秒除以 2 就可以算出平均速度。把大約 7.4 公尺 / 秒的平均速度乘上飛行時間 1.5 秒，就可以算出窗戶高度約 11 公尺。最佳的丟水球高度。

二、伽利略贊同哥白尼所說「地球繞著太陽轉」的說法，而與天主教會的「天動說」有所衝突。由於教會認爲我們所處的這個地球是神所創造、偉大且榮耀宇宙的中心，因此「地動說」實爲大逆不道（一九九二年，教宗若望保祿二世說伽利略「遭錯誤定罪」，用我的話來說就是：嗯，對，我們搞錯了，糟糕）。

已知太陽的尺寸（巨大）、地球的尺寸（沒那麼巨大），以及無所不在的重力。那麼，爲什麼會是地球繞太陽轉，而不是反過來？

解答：所有行星都繞著太陽系的質量中心打轉。由於太陽是我們這個太陽系裡最大的天體，也就表示它很靠近這質量中心，行星才會這樣轉圈圈。所有質量都會彼此施加引力互拉，但這場拔河最後是質量大的獲勝，質量較小的動得多，質量大的動得少。

行星也是一樣。它們對太陽質量的反應很明顯，而太陽對於其他行星質量的反應微乎其微。談到引力的時候，噸位決定一切。大隻佬獲勝。

### 試著做做看！

叫一個朋友騎著摩托車直接衝出碼頭。確定駕駛並沒有往上或往下傾斜，而是水平向前衝。當摩托車離開碼頭的同時，拿一顆小石子往外丟。哪個會先落水？

**解答：**它們會同時撞擊水面，以及，打 119 求救！你怎麼可以叫朋友做這種事？你怎麼沒想到運用這種說服他人的能力做些有意義的事情，像是鼓勵別人去捐血？或者，下次你只需要拿一大一小兩顆石頭從碼頭往外丟，就能看著它們同時落水。

# 08 用工程方法規畫人生：
## 力與力圖分析

「第一步該怎麼做？」路西鐸教練問全班同學。他指著畫在黑板上的一個題目，要我們算算，舉起一部塞滿小丑的電梯需要多少力？我們就像是訓練有素的物理學部隊，齊聲回答：「畫力圖！」

在那之前，我們已經學會：如果想解決問題，就得把問題講清楚；如果搞不清楚狀況，就絕對無法得出解決之道。**學會怎麼和工程師一樣分析「力」，是最基本的步驟。**

力圖就是個好的開始。畫力圖並不難，只要畫出在一個物體上或拉或推的各方向分力，並標示強度有多大。運用這張圖，我們就能了解作用在一個物體上的各個力量，並逐一區分。

剛剛說到擠滿小丑的電梯，關於那個例子，可以畫張圖如下：擠滿的電梯上下各有個箭頭表示往上拉的力還有往下拉的力，整個問題就是這樣。教練喜歡丟給我們一堆用不著的資訊，讓我們練習從不相干的雜物當中看出哪些是重要的，而哪些又是不重要的。有三個戴紅帽的馬戲班小丑，還有七位滿面風霜的騎野牛小丑。除了兩個人之外，其他全都是摩羯座。總重量是 908 公斤。

畫向下拉力時，我們可以大方地把他們的專業丟在一旁，喔，服裝和星座等等細節也一樣，只需要知道他們的總重。

傳統上，在設計系統的第一階段，工程師要把力圖畫在餐巾紙上。即使手邊有很好的一疊繪圖紙可用，他們還是喜歡把東西畫在餐巾紙上，這讓他們覺得自己像是世出的天才，還能和偉大的傳統連上線：伽利略被軟禁在家的時候，偷偷把行星繞日運行的圖畫在牆壁上；達文西第一張直升機設計圖畫在佛羅倫斯一張沾了酒漬的羊皮紙；居里夫人把實驗結果草草寫在帶有輻射的筆記本裡。第一張力圖不用畫得多美或多複雜。在這個階段，只需要畫幾個火柴小人，再用箭號表示推力或拉力就很棒了。我們

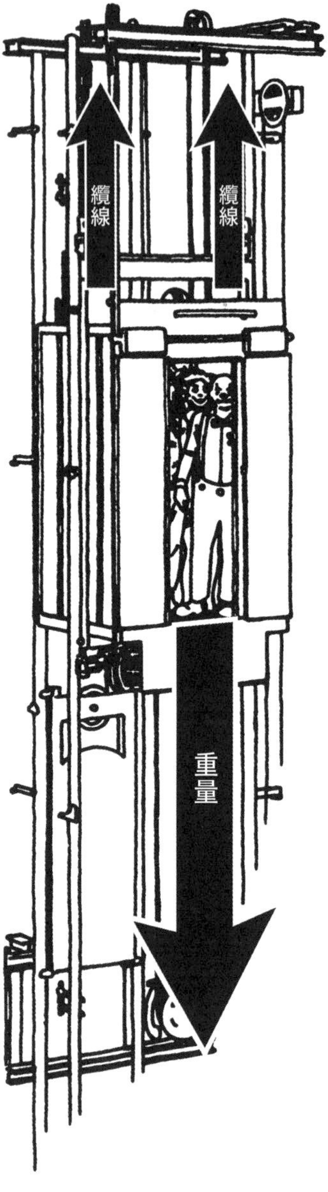

可以用這些箭頭表示推拉一個物體的力量方向和強度。箭號越長，力的強度就越大，而箭頭方向顯示力的方向。簡單！

## 勢鈞力敵，才能停留在原地

靜力問題最簡單的形式，就是**各方向的力都相等，使得物體靜止不動。**結構工程師是設計梁柱的專家，讓所有的力量彼此相對並抵消。舉例來說，施加在橋或建築物上所有的力，應該要讓那結構維持在原地。

練習畫力圖吧，顯示讓某個東西保持不動的力。畫一個圖形代表自己，火柴小人就可以了，不過加件流行的衣服可以加不少分。圖中的你站著不動（姿勢優雅），並不想上哪兒去。那麼，有哪些力作用在你身上？幫所有的力都畫個箭號：一個向下的箭號代表你的重量（由重力而來），每隻腳底還有一個向上的箭號表示地板往回推的力量。箭頭方向應該相反，而且會互相抵消。有道理，對吧？地板只會施加等於你體重的力，它不會過度熱心往回推，結果把你拋入空中。

現在，在你旁邊畫個跟你一樣有型的朋友，而且要把他畫得像是靠在你身上。你們兩人都沒有移動。所以，朋友靠在你身上的力就是朝著你的一個箭頭，而你靠著他的力則是剛好反方向的箭頭，箭頭的長度完全一樣。箭頭的方向和強度會彼此抵消——你們都沒有動，也已經準備好隨時來一張美美的照片。

## 力與加速度：好事要成雙

爲了理解力與運動，我們再回過頭來看我們的搖滾巨星，那位在後臺晃來晃去、用蘋果酒配著杏桃小餅乾的牛頓先生。他提出的第一定律是：如果作用在一個物體上的所有力量都相互抵消，那麼該物體的速度（快慢和方向）就是常數；這表示它既沒有加速，也沒有減速。所以，你和朋友靠在一起的例子中，你們的速度是一個常數……也就是……每小時 0 公里。是啦，那絕對是個不變的速度。所有力量都平衡了。

還有另一個例子，所有力量都平衡，而加速度是 0。你以時速 65 公里的固定速度開著車前進。那就表示，讓車子慢下來的力（輪胎摩擦、空氣阻力、輪子壓過的安全錐）等於設法要增加速度的力（引擎）。如果沒有摩擦力、沒有風的阻力，路上也沒有配置安全錐，汽車引擎不需要出那麼多力，就能繼續保持 65 公里的時速，直線前進。

當力圖中的所有力並未彼此相等，物體就會加速或減速。要是你從山坡上滑下，重力會讓你加速，除非有足夠的摩擦力或撞上一棵樹。摩擦力會讓你逐漸變慢，表示爲一個指向後方的小箭頭；一棵樹則會讓你突然減速，表示爲一個大箭頭，指著你張大尖叫的嘴。

忙著幫作用力編號的同時，回頭看看牛頓的定義。力有兩項要素：質量和加速度（別忘了，如果那團質量正在減速，那麼加速度就是負值）。所以公式就成了：$F = ma$。

如果知道質量和力，就可以算出某物體會如何加速或減速。**如果你知道質量和加速度，就能得到力。**懂了吧。

## 生活物理學：你專屬的力圖

對力和力圖越是了解，越容易想像出施加在你和人生上的力。

飛機有四個主要的力，必須時時達到平衡，才能成功飛上天：重力、升力、阻力以及推力。這些箭頭分別往下、往上、往後、往前。飛機要有升力才能飛、有重力才能落地、有推力才能往前、有阻力才能慢下來並維持穩定。

全都畫成向量和力圖後，我發現自己無論看什麼，都會看到力圖。不僅是按字面上所說的，有關飛機或跑車的重力、升力、阻力和推力，還有虛擬的各種重力、升力、阻力和推力，也就是我們所抱持的恐懼、信心、求生存的日常瑣事與抱負。

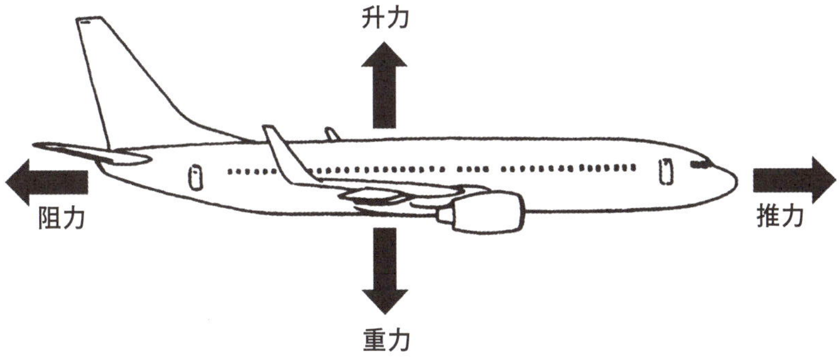

這些力量會讓我們向上提升、往下沉淪，也拉著我們後退、推著我們向前。

你可以針對某個特定目標，在餐巾紙上把所有的力都畫出來，好好做個檢視。接著，就像工程師設計飛機那樣，你可以把箭號縮小或放大，並且在需要的位置施力。很顯然，你可以去除恐懼和懷疑，讓推力和升力變大，但我們需要些許健康的恐懼和適量的現實，才能保持穩定。如果駕駛不能睿智地考慮阻力，他的飛機就會在空中瘋狂翻轉，最後直直栽向地面。如果飛機沒有重量，就會奔向無垠太空。

同理，人生奮鬥時也需要這四個箭號。少許自制與謹慎讓我們不至於想跟可笑的伊卡魯斯一樣，直直向著太陽前進，然後狠狠摔下；另一方面，如果恐懼和懷疑的向量太大，會讓我們只敢待在跑道，飛不出去。

舉例來說，你想辦一個屬於自己的舞團，演出原創現代舞碼，但還沒拿到豐厚的經費或公司贊助。你需要平衡虛擬的四個作用力──往上、往下、往前、往後。指向前方的箭頭就是你全心投入的熱情。想法更瘋狂的人都能成功，你的點子爲什麼行不通？當然可以！樂觀是你虛擬的升力。把你往下拉、讓你保持警覺的重力則是那些小小的聲音，告訴你不要把手頭每一分錢都投資在舞蹈工作室。遠見把你往前推，你採取行動：挑選舞者、編出新的舞碼、安排練習、敲定演出時間。現實會拉住你，讓你不會埋頭拚命向前衝，卻不管自己能不能承受。你需要付練習場地的租金，於是你想到實際的收入來源：兒童芭蕾班、熟齡迪斯可班，還有單身人士的鋼管舞大賽。

去除不顧一切的衝動。**只要畫出力圖，針對各個作用力加以改進就可以了。**力圖並不會讓我們的行動失去熱情或做不下去，反而讓你能輕易看出，這麼多箭頭加加減減之後，才能往你要的那個方向前進。你面對的不是可怕、超自然的怪獸，不過是以工程方法規畫人生罷了。

# 物理練習

**一、用一張力圖，比較光腳及穿高跟鞋的體重分布。**

**解答：**光腳時，你的體重在力圖上會是平均分布的——許多小箭頭在散布整個腳掌，方向往上。穿高跟鞋時，鞋子前端（腳趾）和後端（尖細的腳跟）則各有一個向上的箭頭。由於高跟鞋傾向於把你的重心往前移，因此腳趾的箭頭會鞋跟的箭頭大，除非穿高跟鞋的人努力把重心往後移（或靠鞋跟著力）。

**二、為你的人生目標畫一張力圖。重力、升力、阻力和推力分別是什麼？哪幾個箭頭需要做調整？在餐巾紙上畫出你自己的力圖，這樣才像是工程界的一分子。**

**解答：**這問題只有你才知道該怎麼回答。如果問我的話，我的目標可能是想再回復短跑的最快速度。我的升力（箭頭向上）是嚇人的強大渴望。我的重力（箭頭向下）就是我的身體，上次跑出那種好成績已經是二十幾年前的事了。我的推力是有辦法堅持訓練計畫。我的阻力則是同樣要花時間專注的其他計畫，還有必須回去做那些持續且討人厭的工作，這樣我才有飯吃，還能付房租。阻力是個大大的箭頭。我必須為自己的目標特別空出時間，好減少阻力。

三、利用「F ＝ ma」算出安全氣囊有什麼作用（算術不難）。

你正開車前進，時速 50 公里，你 4.5 公斤的腦袋距離方向盤 60 公分。路旁熱狗店外有個人穿得像熱狗，你不得不承認那傢伙真是有才。正當你想著那家新開的熱狗店賣的東西是不是和他們的行銷手法一樣棒時，前面那輛車停了，結果你追撞上去。車子猛然停止下來。

A. 在沒有安全氣囊的情況下，如果你的腦袋直直往前，撞上方向盤的速度會是多少？

B. 如果方向盤以 0.1 秒的時間讓你腦袋停住（極突然），你的頭會承受多大的力？

C. 如果你的車在 0.5 秒內完全停住，而車頭變形扭曲，對你有多少幫助？

D. 如果有個安全氣囊，讓你的腦袋奔往方向盤的旅程變慢，花了整整 2 秒才到，你的頭撞上方向盤的力量是多少？

解答：

A.每小時 50 公里。這可不妙。

B.把初速度公里 / 小時轉換成公尺 / 秒：

50 公里 / 小時 ×1000 公尺 /1 公里

×1 小時 /3600 秒＝ 13. 9 公尺 / 秒

接下來算出你腦袋的加速度：

在 0.1 秒內，速度從 13.9 公尺 / 秒降到 0，

減速的幅度就是 139 公尺 / 秒$^2$。

現在，把所有數字都套入牛頓先生的公式裡：

F ＝ ma，F ＝ 4.5 公斤 ×139 公尺 / 秒$^2$，

F ＝ 626.5 牛頓

把牛頓換算成公斤：

626.5 牛頓 ÷9.8 公尺 / 秒 2 = 63.8 公斤。真疼！

C.接下來算出你腦袋的加速度：

速度在半秒內從 13.9 公尺 / 秒降到 0，

減速的幅度就是 27.8 公尺 / 秒$^2$。

將新的加速度套入牛頓的公式：

F = ma，F=4.5 公斤 ×27.8 公尺 / 秒$^2$，

F = 125.1 牛頓= 12.8 公斤

看起來好多了，不過還是一樣。痛啊。

D.再算一次你腦袋的加速度；

速度在 2 秒從 13.9 公尺 / 秒降到 0，

減速的幅度就是 6.95 公尺 / 秒$^2$。

F = ma，F = 4.5 公斤 ×6.95 公尺 / 秒$^2$，

F = 31.28 牛頓= 3.19 公斤

好多了。你還夠壯，頂得住的。

四、形容詞「牛頓式的」，是用來描述靜力學或動力學的古典研究。牛頓先生有此殊榮，因爲他眞正發明並組織出一個考量力與運動的特殊方式。講話的時候是這麼用的，我們會說：「牛頓式的世界觀完美適用，直到我們研究以光速移動的物體。」

你的形容詞是什麼，怎麼描述？用一個句子舉例。

解答：當然，你的答案會依據自己的名字和特殊技巧而決定。我的形容詞就是「麥金利式的」，可用來描述在一項任務開始之初所擁有的那種熱情，因為當時還不知道會有多麼困難。用一句話來舉例：「賭贏了幾千美元後，他帶著預約單和麥金利式的自信去找他新買的駱駝，即使他還不知道該怎麼在那隻亂吐口水的龐然大物上放鞍，然後坐上去。」

# 09 幫自己找根槓桿：機械利益

如果你眞的很聰明（事實也的確如此），就會運用物理知識幫你應付生活中遇到的難題——橇開木地板、付大學學費，以及錄製第一張專輯。

首先，我們要確定自己了解槓桿、滑輪還有齒輪是怎麼展現它們神奇的功能，再將這些知識用在美好的日常生活當中。

「功」的科學定義是「施力行經一段距離」。功的單位是公斤重—公尺。拖或拉某個具有重量的物體走過一段距離，就叫「作功」。是啊，謝謝你喔，科學。這我們早就知道了。

不過科學還是幫得上忙。機械利益的最簡單範例就是忠實的鐵橇。如果你自己修過屋子，應該已經和鐵橇成了好朋友。從鐵橇的長邊稍稍往下壓，短邊就會以極大的力量往上。你作的功（較小的力經過較長的距離）就會轉換成抬起一片老舊木地板的功（較大的力經過較短的距離）。鐵橇兩邊所作的功相同，但你會把需要較大力量的那一邊放在需要它的位置——插進爛到不行、還漆成藍色的木地板下面。如果你不想靠鐵橇的幫忙就掀開地板，你的手一定會痛得要命。爲了計算鐵橇的機械利益，我們需要把鐵撬兩側所施的力和距離放在等式兩邊：

（工作側）較大的力 × 較短的距離
＝（施力側）較小的力 × 較長的距離，
F×a ＝ f×b

所以，如果有根短邊 10 公分、長邊 60 公分的鐵撬，你在長邊壓下 9 公斤的力，那麼短邊會產生多少力，好把那些爛到不行的老舊木地板挖起來？

F×10 公斤＝ 9 公斤 ×60 公分，
F ＝ 54 公斤

喔，那些地板可撐不住。

槓桿、自行車齒輪、汽車千斤頂、滑輪，全都和鐵撬的作功原理類似，訣竅在於該用哪一端，還有要選多大的。基本上，多段變速的自行車等於一堆可讓我們選用的槓桿。如果踩得比較輕，自行車的輪子所得到的功就會比較少；如果踏板比較難踩，自行車的輪子就有了很多功可以用。

假設你騎著登山車在山裡亂晃。這時，太陽快下山了，而你開始胡思亂想，覺得「我被一隻飢餓的山獅跟蹤」，一定很想選對變速檔位。如果檔位太高，雙腳太過費力，速度就會慢

下來；但如果檔位太低，就會像個瘋子般踩個不停，卻跑不了多遠距離。不管哪種情況，都會讓你來不及在太陽下山前離開樹林，於是你繼續疑神疑鬼：「我一定被山獅跟蹤了，我還能聽到牠跟在後頭的跑步聲呢。」

如果你有幸脫險，相信將來不管遇到上坡、長而平直的路段或是下坡，你都會想利用剛剛好的機械利益，好在天色全黑之前離開森林。

## 生活物理學：到處都有槓桿

阿基米德最有名的一句話就是：「給我一根槓桿、一個支點，我就能移動地球。」但他不知道，在外太空沒位置好站，也沒有地方能當做支點。不過他指出了重點：如果有足夠的機械利益，不管什麼東西都能被你移動；訣竅在於知道何時使用機械利益，以及用多少。

打從阿基米德那個時代起，不管是標槍教練還是生產力大師，一直教我們「用巧勁，別用蠻力」。最好的辦法，莫過於認出生命中的槓桿，並且加以利用。有天放學，我在學校等媽媽開車接我回家，於是到艾蓮諾修女的辦公室找她聊天。我說我肚子餓了，於是她從桌上拿了顆蘋果給我，還加了一句：「你們祈求，就給你們。」這分小小的好意，強化了高一以來所上的《新約》課留在我腦中的印象，並且提醒我：如果不說出來的話，身旁的人就不知道你有什麼需要。在阿拉斯加度過的那幾年，讓我養成一種堅忍苦修的性格。坐在外頭人行道的緣石上，我一邊吃蘋果，一邊等媽媽開車來。「原來，就這麼簡單。」我心想。

多年後，我想灌錄第一張 CD 時，曾經請經驗豐富的音樂家提供協助。出乎意料之外，他們全都同意在我錄音時一起來演奏。雖然我已經盡力而爲，但無法付太多錢，我所能做的就是帶著自己親手做的午餐和餅乾到錄音室。那些才華洋溢的音樂人來了，吃了我做的花生醬小餅乾，全心全意地認眞爲我演奏。我們本能地知道，彼此應該輪流使用槓桿的兩邊，甚至當那根槓桿。後來，有年輕一輩的音樂人想當我的演唱會開場嘉賓，我知道，輪到我當他們的槓桿了。 不需要赤手空拳地獨力承擔巨大的挑戰。找個支點、找根槓桿。如果你只有感激的心和小餅乾也沒關係，夠了。困難的任務並不一定要當苦工來做。

# 物理練習

一、你的朋友坐在蹺蹺板一端，這時你想用手壓另一端，好把他抬起來。如果他往中央移動的話，你要花的力氣會比較多還是比較少？

解答：如果你朋友所坐的位置比較接近蹺蹺板中央，不用花那麼多力氣就能把他抬起來。他的位置槓桿中心較近，因此需要作的功較少。只要你站在最末端往下壓，馬上就能得到很不錯的機械利益。「槓桿作用」會把你的朋友舉高高。

二、朋友往蹺蹺板中間移動，近到你一壓板子就能抬起他。這時你該怎麼計算自己用了多少力？

解答：槓桿的公式是：

$$F_1 \times D_1 = F_2 \times D_2$$

如果他那端是 1，你這一端就是 2，你所施的力就是 $F_2$，而朋友的體重就是 $F_1$。朋友距離蹺蹺板中心的距離是 $D_1$，而你往下壓的位置與蹺蹺板中心點的距離就是 $D_2$。

$$(F_1 \times D_1)/D_2 = F_2$$

因此，把「朋友體重 × 到中心距離」除以你到中心點的距離，就能算出你要用多少力量往下壓，才能把他舉到空中。

注意：如果你在蹺蹺板一邊費力把他舉高的同時，竟敢問朋友的體重有多少，他可能會突然跳下來氣得走人。問題是，這時候你仍然使勁往下壓。為了避免發生這種害你頭手都受傷的意外，開始前應該戴上厚手套和頭盔。或者，你可以偷瞄朋友的健康檢查報告，把上面寫的體重再加個兩成，別在自己臉紅脖子粗使出吃奶力氣的同時，問他這種粗魯問題。

# 10 愛你的一切，愛你的疤：摩擦力

路西鐸教練在黑板上說明因摩擦而來的力。他畫著車子滑行到終於停止、磚塊從貨車車斗掉落到高速公路上，還有摩托車在看不見的結冰路面上打滑轉圈圈。一方面因為教練老是灌輸我們摩擦力如此不牢靠，另一方面則是上駕駛安全課的時候，門德斯女士早就讓我們看了一堆血淋淋的檔案照。所以我們已經完全認命了，在標示不清的小巷出車禍喪命前，多活一天是一天。

由摩擦而來的力量一樣可以用箭號標示在力圖上。當物體靠在某個表面上往前進時，摩擦力會表現爲往後拉的箭頭。對摩擦力了解得更深入，就能幫我們畫出更準確的力圖。可想而知，粗糙表面所提供的抓地力要比光滑面來得多。舉例來說，如果你試著將一只空板條箱推過一塊水泥地，就會感覺到箱板和地面之間的摩擦力。如果地板比較黏，或板條箱變得更重，摩擦力就會增加。

現在有隻胖嘟嘟的猴子爬進箱子裡，使得負載的重量增加，箱子與地板的摩擦力也會更大。你必須多花些力氣，才能讓它移動（除了重量和摩擦力都增加之外，那隻猴子還可能在你努力推箱子的時候，對你亂丟果皮或任何牠抓得到的東西）。

在地板上潑一點椰子油，可以讓你的工作更輕鬆。如果箱子與地板之間有一層油，它們之間的「不愉快」會比較少。還有更棒的呢，猴子會很樂意把地上的椰子油舔乾淨，完全不會去玩你的頭髮。

水泥地和板條箱之間的粗糙度，可以用一個數字來表示，也就是所謂的摩擦係數。木頭在水泥地上擦過時（而且沒有任何椰子油或油脂），這神奇的數字是0.62。當水泥地和木頭彼此摩擦的時候，你可以把摩擦面上的重量乘以0.62，就能算出你想讓箱子移動的時候，往後拉住你的摩擦力。0.62是個沒有單位的數字，工程師是靠著實驗得到它的；事實上，達文西就是最先發現摩擦係數的人之一。他不僅會畫畫、雕塑、繪製地圖、設計直升機，還會素描人體解剖構造，同時也是個十分傑出的材料工程師；顯然他也長得很帥。

已有鉅細靡遺的表格，列出鋁、鑄鐵、磚、玻璃、木頭、冰塊、濕雪、乾雪、皮革、麻繩……還有你所能想像到每一種表面的摩擦係數。看著這些表格，我總是會東想西想，到底在什麼狀況下，我們才會需要知道這些摩擦係數？我想像維京人穿著皮製內衣從三溫暖的蒸汽烤箱衝出來，滑下雪坡準備跳入北海。接著，準備跑回鋪著木地板的烤箱前，先要抓穩麻繩從冰水裡爬出來，再一股腦滑過去，在幾乎撞到一堆火紅木炭前停下。沒錯。爲了完美執行以上動作，重要的是知道它們的摩擦係數，或至少對摩擦力有很棒的直覺。眞感謝有這麼鉅細靡遺的摩擦係數表。

就和那些出門洗三溫暖的維京人一樣，即使不知道確實要怎麼計算，身爲一位越野跑者，我已經把自己對摩擦和牽引力的知識運用在實際狀況。高四上到路西鐸教練的課之前，我已經參加校隊四年了；不過回想我高一的時候，要進越野賽跑校隊可沒那麼容易。放學後，要和其他幾個女生一起跑學校後山泥濘的小徑。我們在山坡上拔足狂奔，就像狂熱的兒童十字軍，在通往學校的最後一段人行步道上衝刺。

依據當天的狀況，我通常是排第七或第八名。第七或第八名的差別非常重要，因爲只有七個人能進校隊。越野賽跑的計分方式，已從長距離跑步的孤單苦行變成一種團隊運動。每次比賽完，每一隊成績最好的前五名跑者排名加總起來，分數最高的就是優勝，而每次競賽每隊可以有七名跑者參加；多的那兩人是爲了預防前五人走錯或迷路等狀況。

眞的會發生這種事。跑道有時候會毫無必要地過分複雜，好湊成正確長度。主場賽道教練的指示往往是這樣的：「繞湖邊走球門底下，繞核桃樹迴轉，再回到湖邊；但這次要順時鐘繞，來到東邊的球門，記得別從球門底下過。離開操場後，看到有條小路通到廁所沒？別走那條路。往左橫跨草坪。這部分的跑道不會用三角錐或旗子標示。祝好運，女士們！」

經常和我競爭第七人位置的是高四的學姊，可以想見入選的應該是她而不是我；而且，她還是「馬汀王朝」的一分子。

「馬汀王朝」是四姊妹，稱霸學校裡的各個運動項目。我很確定她們在早餐時一定有吃藥增加血紅素，但根本輪不到我說三道四的。年紀最長最可怕的卡蘿，從小就是個明星跑者，她已經高四了，才不願意被一位瘦巴巴，還綁著馬尾的高一生超過。跑完後她精疲力竭，看得出來她並不想輸。

馬汀王朝還有校隊裡的其他人，他們的家長都在暑假擬定個別訓練計畫，還幫她們買最新款的高科技跑鞋。高一學期末的時候，她們全都有了既酷又炫、輕如鴻毛的跑鞋。那種鞋子的底完全是平的，鞋面一片雪白。我也想要一雙，可是我已經有訓練用的跑鞋了，不能要爸媽再買一雙。我的訓練鞋沒那麼輕巧，它們重得要死，鞋底還有凸起（所以是上一季的款式）。

我勝過卡蘿的次數夠多了，足以取而代之，和她妹妹克莉絲一起進校隊，但我好怕克莉絲會在田徑場訓練的時候一拐子讓我跌入池塘，或把我絆倒。

最終決賽那天下起雨來——並不是秋日灑落的細雨，而是持續不停的傾盆大雨，把小徑變成泥流。教練們討論著是不是要延期，不過這可是越野賽跑，我們本來就應該在各種狀況下跑。於是我們整好隊，鳴槍出發，超過一百名女孩踏著泥濘、摩肩擦踵、不斷推擠向前。跑了差不多一公里半，身旁的女孩們都在路旁刮鞋底，她們光滑平板的鞋底黏上厚厚一層泥巴。不是只有你以為的某些小孩才會罵髒話，我們學校的選手用各種嚇死人、創新且實際的方法，把任何你想得到的東西當成咒罵的對象。

到了一處緩上坡，我跌了一跤。站起來，前進沒幾步，又滑倒了。這回站起來的時候，我的身體想起以前在阿拉斯加時，跟那些凍成冰的濕滑戶外小徑和遊戲場搏鬥的經驗。出於本能，我側著身體往上爬，慢慢地（而且還外八！）蹣跚跑完接下來的一段平路。到了下坡，我身體往前傾，盡量讓雙腳自己帶動，到後來甚至必須像滑雪一樣半蹲著，雙腳左右交替滑，就像在冬天溶雪時的混亂時刻，跑過以前位於安克拉治近郊的自家後院一樣。

我知道該怎麼應付——多年前曾經敗給阿拉斯加的冰，還在下巴留了個疤。自從發生那件事之後，我就學會該怎麼做才不會摔倒。只要有辦法，我就會稍稍偏離小徑那黏呼呼的路面，跑在旁邊還有些草葉沒被泥巴完全淹沒的地方。我那雙便宜跑鞋的鞋尖有凸起，能像雪地胎一樣抓牢地面。我超越了整季都把我遠遠拋在後頭的那些女孩，她們只能忙著刮掉積在昂貴跑鞋平滑底部的泥巴。 我衝過終點線，緊跟在克莉絲後面，讓我們這隊在全國競爭最激烈的分區得到第二名。就在我們排隊等待記錄成績的時候，克莉絲的手往後伸，抓著我的手稍稍握了一下。這足以說明我已經在學校代表隊裡贏得一席之地。

## 生活物理學：個人的摩擦係數

把尼采的名言稍稍改一下：「那殺不死我的，將使我更有抓地力。」**失敗會在我們身上留下疤痕，但我們身心都需要這**

**種擦傷，下次再嘗試的時候才能抓得牢。**我們會在心裡做一張摩擦係數表。不論是現實生活裡的卡蘿·馬汀、瘋狂的上司，還是沒有誠意的一個吻，我們都會賦予它一個數字。接下來，我們用拚命贏來的粗糙輪胎搶過彎道，比失敗、受打擊前跑得還快。即使你受過傷的部位仍然不足以應付，但遇上看不見的路面薄冰時，仍會因爲之前曾經滑倒而感覺十分熟悉。你知道該怎麼辦。別慌張。小心翼翼。找到摩擦力。你不會開到路邊，這次不會。

# 物理練習

一、把一塊 10 公斤的鋼磚放在鋼桌上。兩塊鋼之間的摩擦係數是 0.8。

A. 要施加多大的力，才能讓鋼磚往前移動？

B. 如果在鋼桌表面塗滿橄欖油，鋼磚與鋼桌之間的摩擦係數會變大還是變小？

C. 爲什麼有人會在鋼桌上塗滿橄欖油？

D. 那好怪，對吧？

解答：

A. 10 公斤 ×0.8 = 7.2 公斤。

B. 鋼磚會更容易滑動，因此摩擦係數變得較小。

C. 也許是要用鋼桌上的鋼磚把蒜頭敲碎。

D. 這要看有多少人等著吃。在一張塗滿橄欖油的鋼桌上用一大塊鋼磚敲碎蒜頭，這主意不錯。別被先入為主的觀念困住了。

**二、你覺得以下哪種組合的摩擦係數最大，哪個最小？**

**A.橡膠鞋底踩在冰上。**

**B.橡膠鞋底踩在乾燥水泥地上。**

**C.橡膠鞋底踩在潮濕水泥地上。**

**解答：**B 的摩擦係數最大（最不滑溜）；A 的摩擦係數最小（最滑溜）。

### 試著做做看！

**拿兩本書並放在桌上，左邊那本的書背向左，右邊那本的書背朝右。就像洗牌的動作那樣，讓兩本書再靠近一點，翻動書頁，一頁疊一頁，一頁再疊一頁，直到最後。現在試著把兩本書分開。爲什麼這麼困難？**

**解答：**當你要把兩本書分開的時候，兩本書的每一頁都被另一本書的某頁壓著，以紙和紙之間的摩擦力抗拒你的努力。如果只重疊一兩頁的話，並不會造成這種效果，但是整本書加起來的摩擦力可比你以為的多很多。把書拉開的同時，你可以想像有許多小小的箭號往你的反方向拉動。書頁越多，力量越大。這明白顯示出摩擦力有積少成多的特性，文字的力量也是。

# 11 開車請繫好安全帶：運動與動量

不知道運動和動量的定律，是不至於被抓去坐牢啦，不過，如果你想確保自己的紀錄乾乾淨淨，完全沒有前科，那一定要弄懂這些定律。我們再回頭去找牛頓，看看怎麼避免留下難看到不行的檔案照。

我們已經好久沒去管搖滾巨星牛頓先生了，沒想到他在後臺引發一起小火災。過不了多久，他跑去問司機該上哪裡去買苦艾酒，然後開始大罵萊布尼茲有多爛，完全抄襲他前短後長的髮型。說實在，難道不能說你們倆都是微積分的發明人嗎？拜託，別再碎念，又不是拿第一就贏了；當然啦，通常是這樣沒錯。不過這件事另當別論。

只要對牛頓說我們還記得他的第一定律，這愛生氣的傢伙就會平靜下來：動者恆動，靜者恆靜。換句話說，除非物體受到某種推、拉或敲打——當然都是施力啦，它就會保持原來的運動方向和運動速度。「動者恆動」這句話提醒我們，開車繫安全帶非常重要。如果你以每小時 65 公里的合理速度前進，突然有個可愛的傢伙頂著蓬亂的爆炸頭衝到路上，而且根本沒看到你的車，你必須猛踩煞車才不會把那人壓扁，車子因此受力停止。這沒問題，但你的身體並沒有受到煞車作用。它遵循牛頓的第一定律，繼續往前進，因爲根本沒有力量加在你的身體上。當你身體以每小時 65 公里的速度往前衝的時候，如果有安全帶勒住你的胸，你的臉就不會貼上擋風玻璃來個親密接觸了。

只要曾經滿載採購好的日用品開車回家，就等於體會過該怎麼應付牛頓第一定律。我們知道，車子如果突然右轉，裝東西的紙袋就會倒向左邊。那是因爲沒有力量施加在那些紙袋上，要它們改變方向。袋子倒下，蘋果掉出來到處亂滾。

不過既然購物袋已經翻倒，如果想吃點什麼，只要踏煞車就可以了。掉出來的蘋果會繼續往前滾，直到前座。如果日用品要遵守牛頓的定律，你也一樣。

## 月球與地球的完美平衡

談到牛頓與蘋果，我們再離題一下，說說牛頓被蘋果敲到腦袋的故事。這件事讓他頓悟地球拉著月球，但還是有個問題沒解決：如果地球的力量那麼大，爲什麼月球沒有直接掉下來砸在我們身上？牛頓有答案：**動量**。

月球很可能是因爲一大塊什麼東西和地球相撞而產生的。那時，月球還只是一大堆移動的不規則碎片。它一邊旋轉一邊移動，想要遠離地球，但無法離開太遠，因爲地球的引力拉著它。除了地球蠻橫的引力，太空中並沒有其他力量可以推或拉動月球，因此月球會遵守牛頓第一定律，繼續移動、旋轉、飛過太空，以及保持和地球一定的距離。月球像是一顆被綁在柱子頂端的網球，然後拿網球拍用力一揮！網球並不會飛離柱子，而是繞著柱子打轉。把網球換成月球，繩子就是引力，一開始用球拍大力揮擊的那一下，就是很久很久以前謎樣的撞擊事件。太空中是真空的，沒有摩擦耗損，所以也沒有什麼可以讓月球停下來。這場拔河達成完美平衡，把月球留在那個位置，我們還能靠它製造出潮汐，並激起我們泉湧的文思。

## 動量一直來一直來

「今天各位要做的是動量守恆實驗。」某個晴朗的午後，路西鐸教練在黑板上寫了一條簡單的公式，如此向大家宣布。「我們的朋友，牛頓先生的大作，告訴我們這個結論：撞擊前的總質量乘以速度，等於撞擊後的總質量乘以速度。」他在黑板上畫了一個示意圖，兩顆撞球面對面滾過去（撞擊前），然後又一張圖，畫出撞擊後，各自往不同方向前進的樣子（撞擊後）。他說，物體的動量就是質量乘以速度，而且還跟我們打包票，如果把兩球撞擊前的動量加起來，再把兩球撞擊後的動量也加起來，就會發現前後的動量總和是相同的。現在它們也許各自往不同方向移動，但撞擊前的動量總和等於撞擊後的總和。爲什麼？因爲這是牛頓說的。

教練鼓勵我們對牛頓的權威存疑，於是我們仔細研究各種金屬軸承、玩具車和撞球，四處找尋可以拿來對撞的東西，好證實動量守恆。我們把每件物品放在磅秤上測量，安排小規模的災禍，然後測量它們撞爛後的速度和方向。

我們的撞擊實驗結果並不都很容易測量，但概念相當簡單：撞擊前和撞擊後的動量一模一樣。能量可以從一個物品轉移到另一個。除了在你車門弄出一個大凹洞、煞車讓輪胎吱吱叫時所產生的熱量，或其他碰撞時可能發生的耗能活動外，所有能量都會轉移掉。既然動量是物體的質量乘以速度，那麼一個移動得極快的小物體怎麼可能跟一個動得很慢的大物體一樣，有那麼多動量？事實上，如果參與碰撞的小物體具有足夠的速度，的確可以推動大物體好一段距離。大家都來當工程師吧，運用以上知識讓這個世界更安全，也更有型。

## 運用動量打擊犯罪

如果你成爲一位幹練的警探，戴著反光的太陽眼鏡還有難以隱藏的個人魅力，就要習慣有人會從天而降，還剛好掉在你疾駛而過的車頂上。我會知道這些，全都是因爲電視影集經常這麼演。如果遇到這種事，最好很快在心裡複習一下動量守恆，看看你有哪些選擇。

如果掛在擋風玻璃外面的那張臉是你神勇的搭檔、關鍵的線民，或樂於助人的鄰居，你就會想慢慢輕踩煞車，確保不會太快減速，讓車子的動量變化慢到足以讓你的夥伴牢牢扣住車頂，直到車子完全穩穩停住。這時，他們可以很有尊嚴地爬下車，頂多把褲子尿濕，卻不至於一把鼻涕一把眼淚地趴在車頂上哇哇大叫。

另一方面，如果你車頂上那傢伙臉上有道明顯的長疤痕，還拿著一把九釐米手槍指著你的腦袋，你八成會想用盡全力急踩煞車。這麼一來，那人就會往前飛，比起繼續用等速前進，他要瞄準你的頭可沒那麼容易。另一個選擇是，可以考慮來個急轉彎，那位拿著手槍耍狠的不速之客就會翻落地上，眼睜睜看著你揚長而去。

如果你是 FBI 探員或「終極警探」，會遇上的另一個狀況，就是不可避免地要在行駛中的火車頂上打鬥。這是電影中經常出現的情節，所以對執法人員來說，一定是個普遍現象。

記得，拳打腳踢之餘，你和對手還有火車，都是以同樣的速度往同一個方向前進。你可以跳到半空中試試，你會落在火車頂上同樣的位置。這很合理，除非你在空中的那一瞬間火車剛好減速或加速，不然跳起再落下時，不會掉在不同位置。

**如果要讓動量成爲你的幫手，就要面向火車前進的方向，而讓對手背對它。**這麼一來，你可以看出火車會往哪個方向轉彎。如果你們打鬥的那節車廂剛好要往左彎，就是用左腳來個迴旋踢的好機會。這一腳會把壞蛋踢向右邊，由於他的身體還想繼續往前，你只要再往右給他一擊，對方就會掉下去。絕對不要用右腳踢，那樣會讓你掉下火車，因爲車子正在左轉。

你可以發現，如果想當個成功的警探，光是了解法律還不夠，也需要了解牛頓的運動定律；而且，當嫌犯步行逃離加冕典禮或白宮晚宴時，你必須了解怎麼穿著燕尾服或高跟鞋奔跑。就是會發生這種事，而且很多次。

## 還可以用來擊退色狼

即使你並不打算成爲街頭打架高手，和資歷可疑且品德高尚的臥底警探打鬥，你還是需要牛頓的定律來戰勝罪犯。比如說，你在伸展臺上爲新秀設計師的服裝秀當了整晚的模特兒，有個助手跟著你到車上。這時該怎麼辦？走臺步和急忙換裝已經搞得你好累，那助理還跑來問你想不想喝一杯。你很有禮貌地拒絕了，但他堅持要請。你再度婉拒，他堅持自己沒有什麼不良企圖（哼，才怪），還說你眞是勢利，自以爲是模特兒，就一副多了不起的樣子。你心裡想：才不呢，我比你好是因爲我有禮貌，而且我不會咄咄逼人還惱羞成怒。

突然那人往前衝了過來。你知道該怎麼做。

你側身一低，抬起一隻腳，在他還來不及把往前衝的動量停下來之前，兩腿之間已經直接對著你的鞋跟。他在地上滾來滾去，又剛好把頭放在你抬起的那隻腳旁邊。他設法想住抓你的腳，你用另一隻腳像是踩西瓜一樣踩他腦袋，直到他放手爲止。接著你站起來，用手機打電話求救，因爲這可憐的傢伙顯然需要送醫治療。

如果你會因爲對方受傷而心裡不安，可別忘了，第一擊不是你出的力，是他自己。他的身體被動量往前帶，你只不過把腳放在行進路線上而已。如果在籃球場上，那他就是帶球撞人，你還得到兩次罰球的機會。在這個例子裡，你必須把警察帶到弓著身體躺在地上的傢伙旁邊，心想他應該一輩子都會怕義大利平底靴，而且也學會當別人說「不，謝了」的時候，就要尊重對方。

## 生活物理學：注意你的方向

動量不僅有大小和速度，也具有方向。當牛頓說「動者恆動」的時候，還加了一句**「以相同方向」**。

我曾有一次受到短暫拘留的經驗，還見識到牛頓加上的那句「同一個方向」到底是在講什麼東西。當時，我爲一個電視調查節目工作，想要找出事情內幕的時候，不小心踩到了紅線。我的雇主忙著搞清楚「非法入侵」和「帶著攝影人員看風景」之間有什麼差別，而我已經在拘留所裡認識好幾個人。他們都是拘留所的常客，告訴我許多提供保釋金的訣竅，還有衛生禮儀。

隨著漸漸了解這些人，我也很快歸納出一個模式：這一群「新室友們」都不是因爲做了某件蠢事而鋃鐺入獄，而是因爲令人嘆爲觀止的一連串蠢事！一旦他們蓄積動量，朝著反覆進出監牢的日子邁進，就很難改變方向。

生命中某個時刻，這些身陷監牢的人可能會想：「咦，不知道安非他命吸起來感覺怎麼樣？」問得眞好。有時候人就是會問這種問題。可是，就算你見過嘴歪皮爛、噁心到不行的吸毒者照片，一旦開始躲在地下室吸那種用打火機油、溶化的抗組織胺和一點點通樂弄出來的玩意兒，你很容易就能猜到人生會往哪個方向前進。這種搞法，會讓你家常常需要由穿著防護衣、頭戴防毒面具的人來做爆炸後的清理工作。可想而知，你的生命會需要怎樣的清理。

因此，我思考自己的經濟、社會還有用藥選擇，試著把眼光放在六個月後：我的所做所爲對生命的榮耀與成功多有益或多有害？會讓我過著粗腰凸腹、戶頭透支或吃牢飯的生活，還是身著黑色比基尼在金黃色的夕陽襯托下玩風浪板？我記得拘留室有位好心的守衛拿了個三明治給我，還搖搖頭表示這份餐點是打工的犯人做的，說不定還加了什麼體液調味之類的，誰知道呢。當時的我多想來份美味的起司拼盤、附上填料橄欖，最好還有已經醒好的紅酒。我想像動量的箭頭朝向起司拼盤和紅酒，但它們所指的方向，和我九小時之前急忙衝過的「閒人勿入」告示牌完全相反。

我跨出的或許是一小步，但每一步都前往某個特定方向，一旦開始往前走，只有在急轉彎踩煞車或撞上東西時才能改變我的路線。我心知肚明，最好一開始就好好選擇——除非想在高中畢業後成爲全職囚犯，還穿著難看得要命的制服。

動量合併的時候，「方向」的考量就變得更加重要。在教練的課堂上，我們算過物體相撞後動量改變的情況。如果汽車由後追撞貨車，兩車的保險桿彼此扭曲糾結，就成爲一個物體，這表示動量會變成重量合併後再乘以共有的速度。如果一開始就往相同方向前進，合併動量就會相當可觀；如果衝擊之前彼此的方向是相反的，就會互相抵消。我跟別人合作時，總是在想這件事。首先要問的就是：「我們是不是往同一個方向？」

假設你參加了一個樂團，而每個人都可以決定共同目標，像是在美國西岸巡迴演出、賣出三萬張CD，其中一首歌還被某個超酷青少年吸血鬼電視節目選用，這樣的話，你們的樂團就是往同一個方向共同前進。反過來說，如果吉他手只想去冰島音樂節、貝斯手一心想參加電視競賽，而主唱最在意的其實是他的義大利麵事業，你們就會像是往不同方向亂竄的汽車，而且還在交流道撞成一團，最後變成一堆糾結的零件，哪兒都去不了（提示：如果團裡有人說要剪一樣的髮型，趕快退出。我們不少人都有過慘痛經驗）。

你需要這樣問問自己：想和誰組成團隊？其他人是否和我朝著相同方向前進？

就算沒人分擔你的遠大目標，也不必爲此停下腳步。你可以自己一飛沖天。要記得，**動量是由質量和速度組成的。你也許只是個小人物，但只要起步跑得夠快，也可以成爲推動保齡球的子彈。**

## 物理練習

**一、兩名花式溜冰選手在冰上暖身。葛蘭妲身材高壯（擅長跳躍），體重 68 公斤；克蘿達又瘦又小（藝術表現分數超高），體重 45 公斤。她們以相同速度往反方向滑：葛蘭妲由南往北，克蘿達由北往南。結果兩人彼此撞上，緊身布料和亮片糾結成一團後滑過冰面。如果碰撞時或在冰上沒有能量損失（這不可能，但這樣假設比較好玩），那麼兩人相撞之後會往那個方向？**

解答：我們知道，撞擊前的總動量和撞擊後的總動量一樣；我們也知道，兩位滑冰選手是以相同速度面對面而來，以及葛蘭妲擁有較大的質量（全部都是肌肉，葛蘭妲，妳看起來真迷人）。所以，撞擊前，往北的動量要大於往南的動量。既然撞擊後的總動量要一模一樣，當她們跌跌撞撞滑過冰面的時候，會有更多動量往北，因此她們會滑向北方。

**二、加分題來了！如果葛蘭妲以每秒 4.5 公尺的速度往北滑，那麼克蘿達的速度要有多快，兩人撞擊時才會突然停住不動？**

**解答：**準備好計算了嗎？當然準備好囉。你每天拿算術當早餐。

葛蘭妲初始動量＋克蘿達初始動量＝最終動量為零

葛蘭妲（質量 × 速度）＋克蘿達（質量 × 速度）＝ 0

超有用提示：克蘿達的速度是負的，因為相對於葛蘭妲而言，克蘿達是往反方向前進。

我們都很偷懶，就用重量代表質量好了，反正在這個例子裡並沒有什麼差別。

68 公斤 ×4.5 公尺 / 秒＋ 45 公斤 ×（-V 公尺 / 秒）＝ 0

解出 V，得到每秒 6.8 公尺。看到沒？即使你個頭小，如果動得夠快，可以來個使勁一推，讓大個子停下來。撞到還是會很痛，但總比被撞翻過去來得好。

### 試著做做看！

**租一座滑輪對抗賽場地、挑幾位朋友、穿上溜冰鞋、護膝、護肘、護齒還有安全帽。隊員要給自己取個像是「人肉碎骨機」**

或「大海嘯強尼」之類的名字，大家再根據不同速度、隊員體重還有碰撞角度，預測各次碰撞的結果。正確預測最多次的，還有擦傷最嚴重的，都能獲獎。

# 12 讓宇宙定它的規矩

高中時代，我學會了別在暑假期間跟爸媽要錢搭火車到洛杉磯逛街購物，或找朋友一塊去吃冰淇淋。我媽和查克只會彼此對望，然後說「好像不錯」之類的話，再繼續清理垃圾，但不會伸手掏錢包，因爲他們的預算裡並不包括購物或到城裡一日遊的經費。更重要的，是他們知道我對不必遵守校規和薄荷巧克力冰淇淋的渴望，將是我自己賺錢的最大動力。

學期中和暑假的打工讓我看到，如果沒有受過良好教育，會得到怎樣的工作機會。我在一排排數也數不清的漢堡上擠芥末醬，還幫鄰居做園藝。那是位老太太，天性喜歡蒔花養卉，名下有好幾間小小的房子出租，我也因此有一大堆種東西、除雜草的工作可做。

九月開學，或是春假結束後回到學校，我身上就會散發番茄醬和樹皮的氣味，整個人充滿鬥志，決定要好好念書、上大學。高中時代打工做漢堡或是翻土完全沒有問題，可是我不想一輩子都做這些事情……絕對不要。如果沒有大學文憑，我的將來恐怕就會是這麼回事，包括戴著紙帽的每一天，或是有個惡雇主指著我鼻子，質問我夾竹桃花爲什麼開得這麼少。

就像這些暑假打工的體驗，它們讓我想起自己原本的動機，並且有機會回頭看看爲什麼要研究物理學。我們必須自我提醒，如果對這些明擺在眼前的重力、能量和運動等定律視而不見，不但不願遵循，還要自己編出一套新定律的話，會發生什麼事。

新興宗教的領袖就是這種人。倒不是那些所謂的騙子，明知道自己的東西和現實有所出入，卻故意欺騙世人相信他的鬼扯。我指的是那種眞心尋求答案，並且靠自己想像出答案的那種宗教領袖。他們的行爲在外人看來眞的非常有意思。

一位深具魅力的宗教領袖將所有證據全都攤開在虔誠的信眾眼前，公開宣布某天午夜就是世界末日。他綜合維京人的神祕符號、玻里尼西亞的神像、歐幾里得的幾何學，還有自己夢到飛越曼哈頓上空的詳盡解析，向信眾宣稱：到了末日那天，大家都要排成一列，繞著會所外圍走，並用木勺敲打烤盤，弄出歡天喜地的聲響。最重要的一點，是所有人都必須百分之百相信他——至高無上的領導者。大家也必須穿上淺藍色的袍子，這麼一來，外太空來傳話的神祇才能認出這些誠心的信徒，出手相救。

關於淺藍色的袍子，這可是重點中的重點。如果你穿了其他顏色的衣服，就會被留在分崩離析、遭烈焰燒灼的地球上，跟那些不相信、不值得救，以及穿著粉紅色黃色綠色花布的人一起受煎熬。

接近午夜時分，信眾手裡拿著木勺敲敲打打，大夥身穿淺藍袍子繞著圈走，結果世界卻沒有毀滅。忠誠的信徒心裡會這麼想：也許世界末日會稍微遲到一下下。所以他們繼續高聲歡唱，但雙手已經累得發痠。太陽就快升起，老實的追隨者三三兩兩回到寢室。淋了雨的袍子好重好重，鍋子被敲得凹凹凸凸，他們心裡充滿疑惑，不知領袖到底哪裡沒算好。

接下來更有意思了。領袖宣布說，他發現錯誤了。世界末日保證在兩年後的同一天，因爲他忘了把挪威和玻里尼西亞之間的時差列入計算。如果是眞正開竅的領袖，就會明白世界才不管這些莫名其妙的計算，世界末日應該直接問世界「本人」才對。

當然，我們覺得這些把衣服弄得髒兮兮的傢伙十分可笑，也認爲他們的領袖是奇怪的騙子。但事實上，即使是我們這些不信什麼末日教派的人，偶爾也會堅持宇宙應該依照我們的規定運作。我們以爲：如果再瘦個幾公斤，一定能找到更好的工作；籌畫戶外婚禮的時候，自以爲老天才不會對眞愛潑冷水。我們就像坐在自己堡壘裡頭的宗教領袖，三更半夜還在筆記本上計算星球之間的距離，並且用一套煙圈和八面體骰子的怪異名堂與維京人祖先取得連繫。

我們無法把世界壓制在地上，逼它接受我們的遊戲規則。訂規則沒什麼不可以，只要我們高興就好，可是宇宙未必要照著做。**想隨心所欲地幸福度日，最有可能的途徑就是了解宇宙運作的原則，並且爲我們所用。**重力、運動、能量還有物質等等運作方式，不斷向我們展現宇宙運作的定律。如果能和氣相待，不但可以從下沉的汽車裡逃出來、做個精采的高空跳水，也可以用物理定律打造出有用的模型，讓我們以樂觀、均衡、勇往直前的心態面對璀燦的未來。再讓我們回到課堂上吧。

# 13 想辦法別讓自己沉下去：浮力

路西鐸教練講到浮力那天，我非常認眞在聽。他解釋說，浮力就是讓東西浮起的上推力。當液體被某個物體推開的時候，液體會往回推，想重新奪回被粗暴驅離的空間，就是這些回推的力量使得物體浮起。不過，我感興趣的並不是這個部分。重點在裸男那段。

## 有關裸男

顯然，哲學家、科學家兼運動家阿基米德是在洗澡的時候，突然了解浮力的眞諦。

路西鐸教練只說，阿基米德是個哲學家也是科學家，不過由於希臘人喜歡結實的身材，就算假設阿基米德是個傑出的鐵餅或摔角選手，應該也差不了太遠；而且既然是待在浴盆裡的人，全身一定是光溜溜的。

阿基米德把身體浸在澡盆時，突然產生一個念頭。他那有如石頭般堅硬的三頭肌顫抖不已；腹肌收縮，支撐著他緊繃而結實的下半身。阿基米德深邃的棕色眼睛看著水從澡盆裡滿出來，溢流到地板上。他發現，流到地面的水量，剛好等於他那副精雕細琢好身材的體積。他留著微髭的上唇因陣陣喘息而濡濕，心裡盤算著：他覺得自己壯碩的身體（請見下圖 1）在澡盆裡似乎變輕了，這應該跟那些溢流的水有關係。他擦洗著厚實的胸膛，突然想通一件事：他的身體占據了水原本的位置，所以它們一心想搶回來（請見下圖 2）；而水能提供的力量就只有自己的重量，因此，所排開水的重量便將他抬起。

圖 1

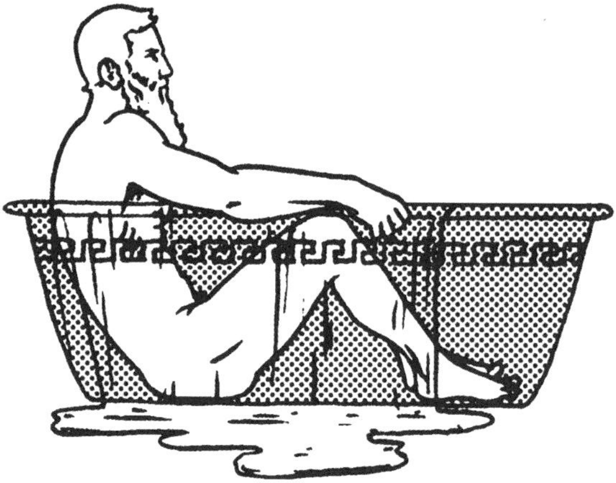

圖 2

「我發現了！」路西鐸教練大叫一聲（我想是在模仿阿基米德吧）。他像日本歌舞伎那樣紮穩馬步，用默劇形式表演阿基米德身體下方的水如何用力往上推。他解釋說，水一被推離原位，就會以大約每立方公尺 1000 公斤的力往回推。如果你推開 1 立方公尺的水，由這些水而來的浮力會有多少？沒錯，1000 公斤。假設把水推開的物體體積就是 1 立方公尺，如果重量不到 1000 公斤，那物體就會浮在水面上；如果重量大於 1000 公斤，就會沉下去。到底是浮還是沉，只不過是浮力（水往上推）和物體（不論浮上來或沉下去）兩者角力的結果。

教練還加了但書：如果排開的液體不是純水，那麼上推的浮力就會不一樣。例如說，海水的重量差不多是每立方公尺 1032 公斤，因爲含有鹽分，所以比純水重。如果阿基米德想對自己好一點，在水裡加了些浴鹽，浮力往上推他身體的力量，就會比泡在單純的洗澡水裡稍微大一些。他美好的身體排開的水體積還是一樣，但是由於重量變大了，上推的浮力也會跟著變大。沒錯，鹽在那個時候十分昂貴，不過很值得。這一點多出來的浮力，正是阿基米德在學術圈裡認眞研究一整天外加重量訓練後，最需要的東西。

眞希望教練再回過頭講阿基米德，多多詳細描述光溜溜洗澡的情節，可是他只顧著解說許多或沉或浮的各種例子。這個時候，我翻開課本，看到一張令人失望的黑白阿基米德畫像。他一臉嚴肅、留著大鬍子，而且……他跟耶穌長得好像；事實上，他看起來就像變老了的耶穌，或是耶穌他爸。喔，老天。

那不就是上帝了嗎？我居然在想像上帝的裸體！

我還沒來得及跟上帝道歉，說我居然在心裡把祂的衣服脫光，教練已經在黑板上寫出船舶簡史。大致上是這麼樣的：我們打漁的祖先一開始是用木頭造船，因爲他們看過木頭浮在水上的樣子。把樹幹挖空後，跳進去，順理成章。祖先們並不知道木頭的密度比水小，而且會把比較重的水推開，所以才會浮起，只知道這麼做可行。而他們也知道，如果划到水比較深的地方，抓到的魚會比在岸邊捕到的還好吃。

一直要等到好多年後，才從木造船進步到鋼造船。我們的祖先早就知道用鋼做刀子，可以用來削洋蔥，還可以砍侵略者的腦袋，卻不認爲那是造船的好材料。雖然鋼比較堅固，不過早期的造船者並沒想到鋼有這麼「輕飄飄」。他們只知道，如果急著幫魚開腸剖肚，卻一個不小心手滑的話，那把全新的銳利鋼刀會直接沉入海底。

一直到他們眞正做了個又大又空的鋼製船殼，實際體會到浮力的作用，才發現：原來鋼船一樣浮得起來，只要能排開夠多的水就行了。一只空鐵殼所排開的水，就跟一個實心鐵塊排開的水體積相同，卻又沒有實心鐵塊那麼重。只要做成中空的鐵殼，水往上的推力就足以讓船浮起。

由於鋼鐵比木材堅固得多，讓這些對浮力很有研究的造船者得以做出巨大、無法摧毀的豪華郵輪，比如鐵達尼號……好吧，或許並不是無法摧毀，但是足夠讓整個管弦樂團舒適地在船上演出，還有能供應現切烤牛肉的豪華宴會。但萬一尖銳的冰山刺穿船殼，讓所有被排開的水衝了進去，船很快就會喪失浮力。船殼一旦進了水，就再也無法提供浮在水上所需要的浮力。當然，逐漸沉入冰冷海水的同時，你還是可以欣賞莫札特與美味的法式沾醬。

等等，那裡怎麼會出現可怕的冰山？

沒錯，它一樣享受浮力定律帶來的好處。雖然一般來說，液體變成固體的時候體積會縮小，然後下沉，但水卻不是這麼一回事。水很特別。

## 水：自然界的特例

普通的液體，例如炙熱而四處流動的鉛，一旦變冷，它的分子運動就會變慢，凝聚成緊密而堅固的塊狀。那緊實的固體要比液態的鉛更重。把一小塊固態的鉛丟進一大盆熱騰騰的液態鉛，它會逐漸往下沉。但是如果把冰塊丟進一杯水裡，卻會漂浮在水面上。這是因爲水凍結的時候，分子並不會變得比較緊密，而是「比較不緊密」。事情並不單純，水分子和一群水的內部情況一定有什麼古怪。

水分子具有兩個氫原子和一個大得多的氧原子，呈 V 字型排列，大的氧原子在底部，兩個較小的氫原子在另一端。溫度下降時，水分子的反應就像戰時依然謹守規矩的英國人。分子量較小的物質冷凍時，通常會以隨機而混亂的方式聚集在一起，但水分子卻能保持頭腦清醒，以十分有秩序的方式排列。

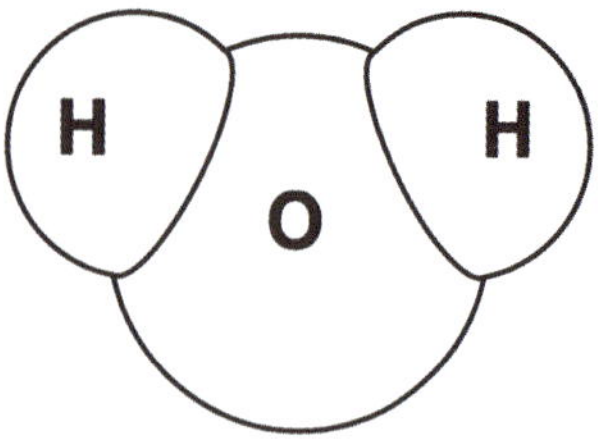


水分子帶正電的那端（兩個氫原子），會靠近隔壁水分子帶負電的那端（氧原子），一個接一個，形成格狀構造，不但漂亮（就像六角形的雪花），還能保持適度空間（結凍的水分子就跟英國人一樣，不喜歡摟摟抱抱）。

結凍水分子的構造要比它的液體形態更占空間。1 立方公尺的冰所含的水分子，要比 1 立方公尺的水來得少，也就是說，冰的密度比水小，所以 1 立方公尺的冰比 1 立方公尺的水來得輕，它所受到水的推力會大於自身重量，冰就這樣浮在水面上了。由於冰的密度只比水小一點點，所以它必須排除很多水，才能浮起來，不像挖空的樹幹，可以在水面上漂來漂去的。撞上鐵達尼號的那座致命冰山，從水面上看並沒有多大，這是因爲它絕大部分都必須沉入水中，才能得到所需的浮力。

## 善用浮力，過精采人生

假設你參與取回無價石像的祕密行動。現在你人在遊艇裡，但要把石像帶回岸上，這時候，教練教我們關於浮力的所有情報就能全部派上用場了（如果你需要在泛舟時拿花生醬三明治拿給外甥，這些知識一樣很實用，不過我們還是用奪回藝術品的祕密行動來講好了，因爲你過的是多采多姿的人生）。

目前為止，你已經成功滲入由俄國黑幫老大、葡萄牙海盜和加拿大酪農組成的邪惡組織，他們全都是藝術品黑市買賣的要角。你花了好幾個月在敖德薩港的夜店喝伏特加、幫葡萄牙足球隊大聲叫好，還在曼尼托巴玩教會辦的賓果遊戲時輸了一大把，總算受邀登上嫌犯的遊艇，參加核心成員聚會。你們從西班牙的港口出發時還是下午，大家在船上用盜獵來的象牙做成酒杯喝蘭姆酒、玩了幾把賭注很高的二十一點，還有幾回合桌遊。船往北方駛去。

傍晚，服務員帶你到賭場旁邊的小房間，讓你換上晚宴後舞會的正式服裝。當他把毛巾的位置指給你看的時候，你正好瞥見赫拉女神的大理石頭像，旁邊則是海克力士的腳。你心裡想著：「啊哈！這些就是去年希臘博物館遭竊的那些東西！」但你並沒有大聲嚷嚷，這樣太蠢了。這時，你假裝有點醉了，對服務員說，換裝可能要花點時間。其實你沒醉，你正盤算著怎麼把那些無價之寶安全運抵岸上。

從你換衣服的那個房間裡，可以聽見罪證確鑿的藝術品大盜正在和一名女士聊天（還露出誘人乳溝）。再過1小時就要到達港口，他打算一上岸就把那幾件東西脫手。喔，等一下就會上提拉米蘇了。

你正在想，剩下不到1小時，該怎麼做才能先吃到提拉米蘇，並且把寶藏運出去？你終於了解整個派對不過是個幌子，所以船上根本沒有任何救生艇或漂浮設備。這位讓賓客等提拉米蘇等到口水直流的主人，並不希望任何人帶著雕像搭救生艇逃走；也許他自己在某個地方藏了件救生衣，不過反正他不在乎別人的安全，而且很不會玩桌遊。這傢伙把你搞得神經兮兮。

你很快整理了一下情況：離岸邊約有 3.5 公里，游泳上岸倒沒有什麼問題，問題是不能把大理石像留在船上。但它們每個都重達 22.7 公斤，一定會壓得你往下沉，就像……就像石沉大海……因爲它們是用石頭做的。

打從一上船，主人就大方地要賓客們當自己家，要吃什麼都可以去廚房拿。這下你就恭敬不如從命吧。他站在船的右舷，和好幾位用虎牙當袖釦的傢伙爭論著俄羅斯輪盤在葡萄牙是怎麼玩的。這時，你從廚房拿了幾個又厚又具備工業用強度的垃圾袋，正合需要。再偷偷從設備齊全的女生廁所拿了幾個髮圈。把所有用品都放到左舷。接下來，躡手躡腳地把赫拉的頭像和海克力士的腳搬過來。一切準備就緒，把雕像分別放入垃圾袋裡，吹飽氣，再用髮圈緊緊綁住垃圾袋開口。

然後，兩手各拿一包戰利品，你悄悄溜進海裡，用標準的側泳往岸邊游，這樣才不會濺起水花，還能拖著兩個充滿氣的垃圾袋漸漸遠離。在夜色的掩護下，你默默感謝垃圾袋的製造商，幸好他們的袋子是黑色的，而不是「看啊，我又把你偷走的東西偷回來啦」那種白色。

由於袋子裡充滿了空氣，足以推開大約 0.3 立方公尺的海水（重量差不多是 30.84 公斤），這麼一來，奪回的寶物很容易就能浮在海面上；而且拖著它們也不是什麼很困難的事，因爲一旦動了起來，就不會有什麼阻礙（你在「動量」那章已經學過）。你就像艘靜悄悄的拖船，拉著珍寶緩緩前進，嘴邊還沾著提拉米蘇。哈！想到好辦法啦，先走一步囉！

## 生活物理學：隨時準備漂浮

了解浮力，對人生的某些時刻——就像你從遊艇裡奪回被偷去的雕像，是很有幫助的。至於其他成千上萬沒那麼重大，也沒那麼戲劇化的時刻，許多人要不就是死心沉入水底，要不就是想辦法游泳上岸；但我希望自己能像座冰山一樣隨時做好準備。其他人只能見到一小部分的我，因爲我在水面下建構了一個具有組織性的構造：仰臥起坐、課後作業、研究、團隊活動，以及只吃蔬菜。這些都是私底下進行的，不值得大驚小怪。

我十分專注於了解什麼東西可以幫助我浮在水面上，什麼不行。我知道，不管再怎麼抱怨自己有多忙、多想生在有錢人家裡，都無法讓我浮起。浮力定律才不在乎我覺得自己有多可憐，它們只在乎水面下的晶體結構、在乎有多少水會被推開。所有默默投注的努力，都將製造出一個架構完美且精巧的漂浮裝置，協助我航向目的地。

如果我受到誘惑，想要偷懶不準備考試、演奏會或泡沫滅火系統程式報告所需要的各種準備工作，只要想想過去因爲缺乏準備而產生的後果就夠了。少了苦讀、練習，或是小心選擇設備，我就必須爲自己浮不起來而負責。

看別人得到普立茲獎、電影角色或在南瓜大王比賽中勝出後的訪問片段時，我最喜歡聽他們說自己「非常榮幸」，並且認爲其他短篇小說、演員還有南瓜農也都很棒，能勝過大家眞的十分驚喜。更棒的是沒有說出口的部分。他們不會提到自己爲了邁向卓越，寫了上百份草稿、試鏡時被批評得多慘，或是在深夜緊急蓋上防霜害的塑膠布。如今他們浮上檯面，臉上有著阿基米德在澡盆裡的那種安詳，結合了「我發現了」和「洗個熱水澡眞令人輕鬆」這兩種心情。他們因爲有了浮力而輕飄飄。

我們知道這些人爲什麼會有成就。他們在水面下造了巨大、外界看不到的構造，而且總是比想像中更壯觀。他們的練習、鍛鍊或苦讀都比我們以爲的多很多。即使到現在，我仍然很驚訝，不管做任何事，都要花費比預期還要久的時間、比我想像中還要困難。我覺得好累、充滿挫折，難道每個人都會遇上這種困境嗎？這時候，我會看看冰山的照片，想起如果要成爲人上人，必須具備哪些條件。

大部分的冰都藏在水面下，默默做著苦工把水推開，而水也同時往回推，讓冰山漂在海上。只有那麼一小部分露出水面，享受美好的景色。

## 物理練習

一、阿基米德洗澡的故事有另一個版本：他想出浮力還可以用來計算固體的密度。因爲太過興奮，他光著屁股就衝到大街上。這基本上並不是個問題，我只想告訴大家這件事。請討論。

二、如果阿基米德有個弟弟，身材和他幾乎不相上下，但沒那麼健壯。那麼跟肌肉男阿基米德比起來，他弟弟在澡盆裡會更容易浮起來，還是更容易沉下去？

解答：阿基米德的弟弟會更容易浮起來。兩人排開的水一樣多，但是由於脂肪並沒有肌肉那麼緊密，因此赫斯基米德（這名字我瞎掰的）比較輕，也就更容易浮起（別忘了，他們倆的體型身材都一樣，所以體積也相同）。

三、這其實是衆人皆知卻少有討論的現象，說不定有助於大家更了解阿基米德泡澡的這則趣聞。雖然他的手和腳泡在澡盆裡，但下腹部那凸出來的小玩意兒卻浮著，還直直指著上方。

這是因爲發現了浮力原理讓他十分興奮呢，還是發生了什麼狀況？

**解答：**我們所討論的那截凸出物（雖然有許多其他更常用的暱稱）並不像手或腳一樣有骨頭，它是由海綿組織構成的（抱歉啦，這樣講不太美），因此它會比水輕。那塊小小的凸起物所排開的水，比它自己的重量還重，就跟廚房海綿在水槽裡會浮起來是一樣的道理。沒錯，阿基米德的小老弟在澡盆裡會浮起來。

### 試著做做看！

一、到游泳池最深的地方，試試看臉朝上浮在水面。然後，搭機到以色列的臺拉維夫，再轉搭火車去耶路撒冷。訂一間好旅館、享受客房服務提供的薄餅捲，接著坐一小時的巴士往死海一遊。下車前，記得先塗好防曬油，然後盡量游遠一點，好讓你能漂在水上。你在哪裡會比較容易浮起？

**解答：**你在死海應該會比較容易浮，而且在淡水裡恐怕根本浮不起來。這是因為死海的鹽分濃度非常高，使得你在海中所排開的水要比淡水重得多。還記得嗎，阿基米德（看起來跟上帝超像的那個裸男）發現了浮力等於被推開水的重量。水的重量越重，表示它往上推的力量越大。

二、去廚房去拿一罐罐頭或番茄醬（或你拿得到的大約 0.5 公斤的隨便什麼東西），還有一個塑膠袋——不用太大。把廚房的水槽裝滿水。現在把罐頭放進塑膠袋，吹氣。等它完全膨脹，再把袋口綁起來或封好，丟進水槽。預測一下吧，塑膠袋會不會浮在水面上呢？

解答：罐頭的重量差不多是 0.5 公斤，因此往上推的浮力大約需要 0.5 公斤，才能讓塑膠袋浮起來。為了達成這個目標，必須排開大概 0.5 公斤的水。既然我們知道每立方公尺的水重量差不多是 1000 公斤，把單位轉換一下（用點簡單數學），可以算出 0.5 公斤的水體積大約有 500 立方公分，差不多是兩杯的分量。不用太過科學，只要在心裡盤算一下袋子裡可以裝入幾杯空氣。如果足以容納兩杯的量，罐子加上塑膠袋就可以浮在水上。

# 14 即使逃命也要很有型：流體

「實在太痛苦了！」

路西鐸教練跟我們講解「潛水夫病」時，一臉眉飛色舞的樣子。他說，潛水員從深海的高壓中浮上水面時，如果上升得太快的話，血裡的氮氣就會膨脹，形成氣泡。「這種情況說不定會致命。」他又加了一句，臉上還是堆著笑。

顯然教練並不適合傳達愛人過世的消息。萬一那些不幸的事情和物理原理扯上關係，他很可能會站在人家大門口，興奮地解說橋是因為共振而垮掉，或起火原因是電線某處的電阻過大、發生短路而引起高熱。心裡悲傷的時候，才沒人想聽這種細節，更別說講述的人嘴邊還掛著大大的微笑。 教練告訴我們，在他設想的狀況中，潛水員潛得越深，感受到的壓力越大。壓力的計算十分簡單：水的密度乘以水面下的深度（如果你要算總壓力的話，別忘了再加水面上的大氣壓力）。不管在新墨西哥州小小的泳池裡，還是在密西根湖，只要潛水深度一樣，潛水員所承受的壓力就會一樣。

接下來，路西鐸教練用一個實際例子幫助我們了解水壓，可說是「嚇壞駕駛」系列的另一集。他在黑板上邊畫邊描述開車掉進水裡的時候該怎麼辦，而我在想：怎樣把這資訊用在未來的人生當中？我很確定教練在課堂上並不是這麼講，但我聽到的就是這樣。

## 當車子掉進水裡，腦袋和鞋子千萬要保住

有天晚上，你開車參加晚宴，為了閃避在馬路上玩耍的小孩，方向盤用力一轉，沒想到直接開進湖裡，而且發現車窗全都打不開！這時別忘了，你已了解水壓的特性，它將能幫助你安全又有型地逃脫。

如果不了解流體的相關物理特性，很可能會越弄越糟，反而陷入危險。

你不斷拳打腳踢，嘴裡還罵著髒話；不只如此，額頭狂冒青筋、毫無優雅可言，連鞋子也弄壞了。總算打開車門後，雖然急著浮出水面，但剛剛已經嚇得半死、累得要命、分不清上下左右，根本不知道該往那個方向游，結果身體一邊在水裡掙扎，一邊卻不小心弄掉一隻鞋。

終於，救難人員把你拉上一隻小小的橘色充氣橡皮艇，這時你要不就是衣服往上掀起，露出大塊肥肉；要不就是褲子卡在屁股上，連裡頭的內褲都看得一清二楚。更慘的是，你一副驚嚇過度的樣子，不停發抖，只能緊抓著扶手，任憑小船駛近岸上的電視臺攝影機，而前女友還剛好在當地新聞現場連線中

看到你的蠢樣。

幸好你對車子周圍那些水壓有所了解，如此一來，就能以優雅的方式處理這樣的意外。你試著打開車門，但沒辦法，於是很快決定改用 B 計畫。車外的水急著想衝進來，好把裡頭的空間填滿；不過它沒有手可以開門，只好頑固地緊緊靠在車上，設法擠進來。

你知道水會把它所有的重量都壓在車上，也知道水的重量大得驚人，還知道即使自己能做出一些讓人印象深刻的瑜伽動作，仍然沒有足夠力量贏過水在車門外所施加的壓力。你心裡有數，水會透過車子內外各個沒有密封的小孔滲進來，讓水位逐漸升高。只要車子裡的水夠多，車子內外的水壓就會差不多，你就有辦法把車門打開。

在內外水壓達到平衡前，你還有一些時間可用，就拿來準備逃脫吧。你脫下鞋子，用鞋帶或其他什麼東西固定在腰部，等到水位跟你的下巴差不多高，就是把門推開的好時機。車子裡有水，車子外也有水，車門內外的水壓都差不多，也就沒什麼阻力。你順利從車內逃脫，還不忘使出優雅的海豚踢！浮上水面後，再以長而緩慢的划水動作把身體往岸邊帶，而岸邊早就聚集一大群消防隊員，十分佩服地看著你的一舉一動。你的行動迅速而確實，他們甚至來不及把那隻小小的橘色救生艇拿出來。

你爬上岸、穿上鞋子（因爲它們是整套服裝畫龍點睛的部分），把頭髮往後順一順，再讓消防隊用毯子把你包起來。電視臺的人到了，架好燈光，把你的逃生經過以現場直播傳送出去，還加上字幕：「穿著時尚鞋款的英勇駕駛打敗死神，並救了孩童一命。」那孩子的母親上前給你一個擁抱。記者提了幾個問題，你說你並不認爲自己是個英雄……如果「英雄」是指有誰爲了保護年幼的兒童，寧可讓自己陷入險境，接著又展現出科學知識的威力與臨危不亂的冷靜頭腦，那麼，沒錯，也許「英雄」這個說法可以客觀地適用於這個狀況。

## 會流動的，都是流體

講到「流體」，我們通常只會想到液體——可以喝、可以在裡頭游泳、可以用來潤滑引擎。但是對科學家和工程師來說，這個字適用於任何「可以流動的連續物質」。流體受到壓力的時候並不會斷裂，而是毫無怨言改換成新的外形；按照這個定義，液體和氣體也都是流體。同時，我們也以「黏度」來描述流體改變形狀（形變）的能力：**流體的黏度越高，抵抗形變的力量越大。**你的手在水面一推，它很容易就換成新的外形，所以水的黏度低，但機油就比較難推開，所以它的黏度比水高（冷的機油黏度更高）。

機油是一種可稱爲「牛頓流體」的普通流體；當然，這名字是爲了紀念牛頓先生（什麼事他都要插一手）。蜂蜜也是一種普通牛頓流體。用刀子把蜂蜜抹開，它的黏度不會因爲你施加外力而改變，不管多用力去抹它，蜂蜜各層次之間流布的方式都不會改變。只要蜂蜜的溫度維持一定，就會以線性方式抵抗施力。你推它，就會得到反應；推得再用力，都還是以同樣的方式回應。

另外有些奇怪的流體——一群無法預測行動的傢伙，它們被貼上「非牛頓流體」的標籤。這表示它們並不像那些正常的牛頓流體，會以線性方式反應壓力。非牛頓流體，例如流沙或玉米澱粉糊，如果你用力打它們，它們就會變得比較不容易流動。事實上，當你一敲，流體內部各層之間的摩擦力就會大幅增加，使得那一整團流體的行爲變得像固體（你可以從一大缸玉米澱粉糊上跑過去，不會沉。有夠奇怪，有夠不像牛頓）。至於番茄醬，另一種非牛頓流體，情況剛好相反。我們施加力量的時候（敲打瓶底），各層之間會變得比較不黏，使得那一大坨番茄醬的動作更像水，也就能順利從瓶裡飛出來。牙膏也一樣，稍微擠它一下，就會乖乖聽話。可想而知，端莊的牛頓流體不會讓它們的小孩跟非牛頓流體那種不可預期的傢伙一起玩。

但是，非牛頓流體絕對可以抬頭挺胸，以自己爲榮，因爲發明家正在找新方法，要將它們做成穿起來不會礙手礙腳的防彈衣，而且大廚們也必須依賴非牛頓流體來做許多人不可或缺的點心，例如烤布蕾和巧克力慕斯（毫無疑問的，這些點心絕對不可或缺。這是鐵一般的事實）。

## 為什麼機翼是弧形的?

目前，我們還是專注於牛頓流體，也就是日常生活會遇上的東西：空氣和水。很奇怪，和直覺恰巧相反，快速流動的流體，其壓力要比速度較慢的流體低。路西鐸教練要我們輕輕拿著一張紙的兩端，輕輕吹氣，讓氣流通過紙的上方，就能證明上面的說法。紙片會往上跑，被拉進空氣流動比較快的區域。但如果想在家裡證明這一點呢？路西鐸教練打開一部吹風機，對著正上方吹，然後再拿顆乒乓球放入快速移動的氣流中。那顆小球很神奇地在移動的氣流裡不停轉動，左右兩邊各有一道高壓氣牆，就像隱形的柱子一樣，讓球在中間滾來滾去。

上到白努利方程式的時候，一切關於空氣、水和其他液體的問題都有了解答，而且全都順理成章（當然有例外。如果空氣的流速超過每秒 100 公尺，就必須使用更進階的白努利定律）。我就不在此詳細解說白努利提出的原理，只很快做個結論：流體可具備三種能量，也就是速度、壓力和（或）高度，彼此之間可以互相轉換。舉例來說，水從山上的湖泊輸送到山下的城市。水的位置一開始比城市高，它有高度、有位能。隨著水流入水管並往山下走，位能就會轉換成速度。當城市裡的配水管線都充滿水的時候，它的活動受限，並因此累積一些壓力。當你把水龍頭打開，流出來的水也就會帶有一點壓力。如果你想把壓力轉換成高度，只要打開灑水器就行了。帶有壓力的水會往上推，灑在草坪上。 如果你覺得這些情況很熟悉，那是因爲跟討論位能與動能的那一章很像。

嘿，你一定要去上上有關工程科學的課，我是說眞的。我們需要更多工程師，而你有這方面的天分。就算你沒有什麼熟悉感也沒關係。我覺得你穿的那件襯衫很棒，和你眼珠的顏色很搭。每位讀者都有他珍貴之處。

要看白努利定律發揮作用，還有一個辦法，就是搭飛機時，挑一個靠窗而且可以看到機翼的座位。只要盯著機翼，你就會發現：流經機翼上方的空氣必須比較快，才來得及通過弧形表面。機翼上方的空氣移動較快，就表示上方的壓力較小。這又表示什麼？機翼下的壓力較大，就可以把飛機推上去啦！

## 生活物理學：有人幫忙，也有人幫倒忙

每次開始一項新的專案，就可以很清楚看到速度與壓力之間的關係。不管是要去波蘭旅行，還是要拍電影，一旦有了初步規畫並開始運作，高速帶來的低壓就會形成一個虛擬的空洞，引來各種批評、模仿、毛遂自薦。這是因爲你現在動得很快，這些東西才有機會冒出來。心裡要有所準備，不用管那些心懷恨意或扯人後腿的，但別忘了迎接協助者和幫腔的啦啦隊。

如果你等待的是資金或是回饋，那麼我必須告訴各位：**自己要先有動作，才有辦法拿到那些東西。**你的想法和行動，會吸引你所需要的一切，但還是要靠自己踏出第一步。而且，

一旦你向前邁進，一定會有人說風涼話：「喔，你不可能找到什麼好的攝影師啦。」或是：「波蘭？聽說在那裡開計程車的都是毒販。」別怕，這是個好現象，表示你已開始朝著目標前進，而且速度夠快，足以把想批評的人、想協助你的人，還有贊助、資金和往前進所需要的任何東西，全部吸引過來。

幹得好。千萬別停。

## 物理練習

**一、以下哪個地方感受到的壓力比較大？是直徑 1.2 公尺、深 3 公尺，並且裝滿海水的水槽裡，還是加納利群島拉帕莫外的大西洋海面下 3 公尺？**

**解答：**如果水的密度一樣，那麼你所感受到的壓力就會是一樣的。在這些狀況中，你身上的壓力有：

$$1000\ 公斤/公尺^3 \times 3\ 公尺 = 3000\ 公斤/公尺^3$$

如果水槽裡裝的是淡水，水的密度就會不一樣，你在海裡所承受的壓力就會較大。另一方面，如果溫度的差別夠大，足以影響到水的密度，那也會讓答案不一樣。無論如何，你所感受到的壓力只跟水的密度（有多重）和所在的深度有關。但如果你在狹窄的水槽裡會引發幽閉恐懼症，那麼在加納利群島外海潛水比較輕鬆。

## 二、室溫下，何者較黏稠？

A. 黑咖啡或奶精？

B. 白蘭地或伏特加？

C. 汽油或機油？

D. 漂白水或洗碗精？

E. 打火機油或白色油漆？

F. 汗或血？

G. 水銀或巧克力糖漿？

H. 我有點擔心，這怎麼開始有點像是可能會在犯罪現場出現的流體清單。

解答：

A. 奶精比咖啡黏稠。

B. 白蘭地比伏特加黏稠。

C. 機油比汽油黏稠。

D. 洗碗精比漂白水黏稠，但漂白水更能清除無法抵賴的證據。

E. 油漆比打火機油黏稠，但把證據燒了，比用漆遮掩更好。

F. 血要比汗黏稠，而且噁心得多。

G. 巧克力糖漿比水銀更黏稠，也可以蓋過死硬的金屬味。

H. 真嚇人。

**加分題：以上各項配對中，黏度較高者，密度通常也較高，但是有某一對例外。是那一對？**

**解答：**水銀的密度比巧克力糖漿大，但糖漿比較黏稠。水銀是一種很奇特也很重的流體。

### 試著做做看！

**請一位朋友到家裡來。開兩罐汽水，在玻璃杯裡放一球香草冰淇淋，再倒入汽水。杯子裡記得要放吸管和湯匙，和朋友一起享用漂浮汽水。接下來，把兩只空罐放在一起，中間相隔約 1 公分。你從杯中抽起吸管，問朋友：如果往兩個罐子之間吹氣，會發生什麼事？他可能會反問你，幹嘛老是弄這些有的沒的。別太在意。**

**假設快速移動的空氣從兩只空罐間通過，會發生什麼事？不確定的話，就問自己：「白努利會怎麼說？」（這句話我常拿**

來自問自答）他會說：「速度快的流體所擁有的壓力會比靜止的流體小。」他還會說：「吹氣啦，快！」

你把吸管放在兩只空罐間，吹氣。發生了什麼事？空罐互相靠近，還撞在一起！白努利是對的！空罐之間快速流動的空氣，壓力比空罐另一側靜止的空氣小。 這時，你朋友拿著他那杯漂浮汽水，早就不知晃到哪裡去了。

# 15 人生的混亂在所難免：熱力學第二定律

高四的時候，我偶爾會盯著物理課本上愛因斯坦的相片，對這個人充滿好奇。他的眼睛能看穿宇宙奧祕，微笑的嘴角可以解釋神的想法，而且髮型就像是去參加啤酒聚會時醉倒，結果被朋友用蛋白和吹風機惡搞過一樣。這位謎樣的天才究竟是誰？他為什麼無法解開如何使用梳子的難題？路西鐸教練講解過熱力學第二定律後，我的問題全部得到解答。

升上高四前，我已經充分理解熱力學第一定律：**能量不生不滅，只會改變型態。**我本人就是把重力位能轉換成動能的高手，可以和我朋友艾咪從她位在二樓的房間窗臺跳下來，卻不會壓壞她媽媽種的櫛瓜；還可以對著無辜者的後腦杓發動多次準確的橡皮筋攻擊，練習將彈性位能轉換成動能（好孩子不要學）。

學會熱力學第一定律所說的能量轉換後，就可以進到下一階段。路西鐸教練接下來說的熱力學第二定律，帶來一個驚人消息：**混亂只會不斷增加。**這個世界的每個過程、活動、改變、顫動，都讓它更沒有秩序。還有更令人不安的呢，這些會增加混亂的活動是不可逆的。就像被橡皮筋射瞎的眼睛，沒有機會重見光明。

爲了讓我們了解「不可逆」是什麼意思，路西鐸教練要我們想想大家都很熟悉的能量轉換情況：木柴在火爐裡燒。他問班上同學，如果木柴燒過了，該怎麼做才能把它復原？我們可以試著反轉燃燒過程，把它給我們的熱能還回去；甚至可以用光照一照，把它給我們的光也還回去。但是不管怎麼加熱或用光線照射，那一堆可憐的焦炭都無法恢復原狀，只會得到變熱、照過光、燒得更透徹的木柴。了解熱力學第二定律，就不用再多花時間煩惱怎麼還原，還能讓我們接受事實，繼續向前。

平常聊天的時候，如果把日常的混亂稱爲「熵」，不但所有人都能接受，還會覺得富有詩意。但如果談的是熱力學第二定律，我們就要討論「熵」對科學家還有工程師來說有什麼意義。我們用一種十分特別的方式（而且是自我滿足的方式）定義熵：系統能量無法作功的程度。換句話說，熵就是系統能量不受控制、無法使用的一種度量，而工程師最喜歡的工作莫過於控制熱能，好讓他隨意使喚，這正是我們所鍾愛的各種機器與發電廠背後的核心想法。我們採取的第一個步驟，就是運用煤、石化燃料、天然氣或核能製造蒸汽、推動渦輪。渦輪接著轉動發電機，我們便由此取得電力。早期的熱能轉換是以蒸汽推動火車、輪船、牽引機，甚至是印刷機。但說實在的，我們並無法充分運用蒸汽裡的能量。

我們說「無法作功」，暗示著能量有**「集中」**或**「分散」**兩種形式。如果我們有個裝滿蒸汽的金屬槽，它當然可以推動小型蒸汽引擎的活塞。但如果我們打開閥門、釋放一些蒸汽，好增加實驗室的濕度，那麼從蒸汽而來的能量就分散了，除了提高皮膚的保濕度外，無法將能量供應給其他東西。

測量每個分子的動能（運動）會是件令人頭疼的工作，因此我們用溫度來測量分子的「平均能量」，而不是一一去測每個分子的能量。如果站在分子的層次看看這些蒸汽，就會發現有一大堆水分子以之字形的路徑跑來跑去，互相碰撞。令人吃驚的部分在於：即使是處於某個穩定溫度下的一缸蒸汽，各蒸汽分子的速度依然不盡相同。若把這些蒸汽分子的動能（和速度成正比）畫成圖，看起來就會和某個城市裡所有人的 IQ 分布圖很像：有一些些跑得非常快、一些些跑得非常慢，還有一大堆速度普普通通的。

## 別睡在蒸汽烤箱裡

現在我們已經確定了熵要怎麼定義。接下來要舉一個實例，了解即使你並非有意造成一場混亂，它還是會持續增加。

假設你去洗三溫暖，在蒸汽烤箱裡覺得昏昏欲睡，心想就這樣睡著恐怕不太安全，於是在打盹前關掉加熱器，還把門打開。結果當你醒過來的時候，不但冷得發抖，還發現自己緊抱著一條濕毛巾。隔壁房間稍微變暖了一點點，而蒸汽烤箱則變涼了許多——各個房間的溫度都變得差不多。在溫度平衡的過程中，其他房間裡的分子能量獲得提升、速度加快；而蒸汽烤箱裡的分子能量因此降低，速度也變慢。整體說來，熵增加了，有用的能量變少。這當然跟我們有關，牽涉到如何運用能量以供應一人獨享的蒸汽烤箱和蒸汽機。

## 馬克士威的分類小惡魔

十九世紀中葉有位馬克士威先生，這位聰明絕頂、還留著一臉大鬍子的科學家進行了一場思想實驗，想找出是否有什麼狀況可以減少熵（即使是想像的也好）。馬克士威想像有個小人，把熱（速度快）的空氣分子和冷（速度慢）的空氣分子區分開來。後來，他亦敵亦友的同行喀爾文男爵把這個小人稱爲「馬克士威小惡魔」。

照馬克士威所設想的，把一大群空氣分子關在隔成 A、B 兩區的容器裡，隔板上有一個小閘門，小惡魔的工作就是要負責把關，只讓動得慢的分子通過閘門從 A 區前往 B 區，或是讓動得快的分子從 B 區往 A 區。小惡魔能得到這份差事，是因爲即使在一堆熱空氣中，仍然有一些動作比較慢的分子；而在一堆冷空氣中，也會有動作快的分子。

所以，如果有這麼一種能隔開分子的小壞蛋，系統的熵就會減少。冷的部分會越來越冷，熱的部分越來越熱。小惡魔會把熵帶來的混亂趕走，熱力學第二定律就會變成熱力學第二假說，到時候就會有一場遊行，人們高舉著布條，上頭寫著：「再會啦，一直增加的混亂！第二定律破解了！我們自由了！」

在擺脫熵的控制而興高采烈大肆慶祝前，再讓我們仔細檢查一下馬克士威的小惡魔。必須有什麼東西供應這了不起的小傢伙能量，它才有辦法四處拋出小得不得了的套索，把動作慢的分子和動作快的分子隔開。因此，我們要幫小惡魔裝個引擎或燃料電池或核子燃料，可是它無法充分運用這些能量。我們早就從其他引擎的例子學到教訓，不管是那隻小惡魔、加了燃料的機器，或是我們的身體，沒有任何東西的能源利用率可以達到百分之百。舉例來說，燃料可以讓汽車的輪子轉動，但同時也浪費了熱量讓引擎蓋變熱、排放熱呼呼的廢氣，還搞出一大堆噪音。我們沒有理由期待小惡魔能有更好的效率，所以即使有了小惡魔的專業協助，把高能量分子和低能量分子隔開，仍要面對系統總熵增加的事實。

馬克士威四十八歲就過世了，沒有機會回答對他那隻小惡魔的評論——反正他也不以爲意。他做出這個小惡魔的思想實驗，只是要讓大家看到熱力學第二定律所描述的事情並不是在玩文字遊戲，而是把這些分子的行爲做了個總結；而且，有隻叫「馬克士威小惡魔」的虛擬生物實在很酷，他可以跟他的年輕學生說，那傢伙長得像龍，而且每天都會帶到學校。小朋友聽了一定會信以爲眞。

## 宇宙的亂中有序

想了解到底什麼是熵，不妨看個沒那麼科學的類比。請小心你的腳步，我們即將進入極度非專業的領域；我只是想讓大家看看如何定義熵，以及熵是怎麼增加的。我們可以說，在媽媽肚子裡成長的小寶寶，就是大自然展現其混亂無序的一種神奇方式。

某天睡飽午覺，你和太太在浴室裡一起洗了好半天的澡，卻不是因爲忙著刮鬍子或洗頭髮；或是在某個停電的冬夜，你們在床上抱成一團滾來滾去，全都是製造寶寶的好機會。在那之後，發生了一些令人難以置信的組織變化：一個小小人靠著細緻的臍帶逐漸成形、有小小的手指，而且很倒楣地有個像爺爺的大鼻子。這個過程應該違反了熱力學第二定律吧？如果每件事都朝向混亂，這場超級精密的組織化盛宴該如何發生？

現在你往後退兩步，看看更大範圍的世界，就會發現總體來說，混亂度仍持續增加。準媽媽所吃的食物是靠太陽的能量成長的（一大堆食物，而且想吃就要吃到，不准任何人多說一句話）。準媽媽的身體吸收食物營養，用來製造嬰兒的細胞，這整個過程都很沒效率。終於，這個小小的奇蹟願意從溫暖的小窩裡出來，用初生的肺部吸入第一口空氣，哇哇大哭。簡單來說，光是把他製造出來就已經燃燒了一大堆能量，全部源自我們生活中最集中的能量來源，也就是太陽（感謝老天，太陽有很多很多能量可以用。它要花上幾十億年才能把這些能量燃燒、四射、發散）。

## 不可逆程序才能幫你保守祕密

假設你擔任密探，拿到一張列印出來的紙，上面寫著如何找到政府設在土耳其的情報站。這時你必須熟記哪些過程可逆，哪些過程不可逆。現在你已經把相關方位背起來，還在附近找了家餐廳，享用肉丸配上無花果冰沙。問題來了，你是要把指令撕掉呢，還是燒掉比較好？哪個才是真正不可逆的程序？

就算只是政府僱來的實習生，只要把他關在一個不見天日的碉堡裡夠久，就有辦法把一堆撕碎的紙片拼回完整的紙。然而，花再多力氣也無法讓一張燒毀的紙還原成本來的狀態；即使是把散發出來的熱和光等能量還給它，紙和上面畫的地圖還是無法回到剛剛可讀取的狀況。能量以混亂無序的方式燃燒、四射、分散，根本不可能重回秩序，所以撕掉這個選項就出局了。比較好的方法是：在旅館的廁所裡很快把紙燒掉，並且在煙霧偵測器啓動之前丟進臉盆沖走。你不需要整個房間泡在水裡、警示燈還會一閃一閃的那種混亂；只要夠用就好了。

## 生活物理學：駕馭混亂無序

如果想應付無法避免的混亂，重點在於：培養正確的數量和種類。**把你的努力投注在不可逆的程序上，讓它們為你所用**，並且把無法避免的混亂導入不會對你造成傷害的地方。

只要用到能量，混亂就會增加。該怎麼做，才能讓它們乖乖聽話？難道你的生活一定要很混亂，一次比一次瘋狂，到最後還必須改名換姓逃到國外去才行嗎？熱力學第二定律所附的小字說明會幫你指點迷津：適用於封閉系統中。你可以畫一條小小的虛線，把任何系統圍在裡面——宇宙、行星或紐約市的某一個遊戲場。如果你把系統定義為自己的人生，就可以暫時把混亂導入人生中某個你不太需要在意的位置。

有些人在人生某個階段會希望自己過著極度混亂的生活。我的理論是：即使我們不知道熱力學第二定律的確切名稱，但出於本能，我們依然了解宇宙中的亂度必須增加。為了人道理由，輪流或許是個很公平的方式，全心全意投入失序的生活，平衡其他守秩序的傢伙應該製造出來的亂度。但不管什麼情況，太積極拉攏混亂還是很危險的。當你把前女友的個人物品全扔進前院生起的火堆時，隨著遠處的警笛聲越來越清楚，你心裡的感慨也會越來越深。

坐著顛簸的小飛機飛越阿拉斯加冰河、第一次以戲劇製作人的身分參加令人不安的開幕夜，或是想為最要好的朋友做蝦湯，結果卻把廚房給毀了……有了這些經驗後，我已經學會如何讓激動的心情恢復平靜。我知道人生如戲、不如意事十之八九、生活就是充滿混亂、熵……不管怎麼說都行，我寧願讓它像位客人，在桌邊占一席之地，卻不希望它像個不速之客，總在奇怪的時間或地點來訪。

我花了一些時間區別什麼是好的混亂，什麼是不好的混亂，而現在光是用聞的，就能分出兩者有什麼差別。危險、沒有生產力的混亂，聞起來就像不小心被菸頭燒到的塑膠沙發；好的混亂聞起來則像是海邊那根被雷雨澆熄火苗的漂流木。它們都散發出類似的煙味，卻各有特色。只要勤加練習，你也可以大老遠就嗅出兩者的不同。一種陰沉而油膩，另一種清新而蓬勃。

爲了確定混亂知道我有條件歡迎它進入日常生活，我把口香糖包裝紙、蘋果核和加油收據全扔在副駕駛座的地板上。而且我這麼做的時候，還故意虛張聲勢，好讓掌管熵的女神注意到我已經獻上祭品。我讓生活中這小小一塊區域成爲眾人皆知的尷尬災難。

如果有誰對我無法保持車內清潔感到不以爲然，在上車前瞪我一眼，我也只會輕輕聳聳肩，表現出一副無能爲力的態度。我想用這個動作告訴乘客：沒錯，我就只能做到這樣。要車子變得更整齊？不可能。拜託，坐好、繫上安全帶可以嗎？這些空咖啡杯可以當成額外的安全氣囊。我拒絕用不誠懇的道歉讓自己奉獻給熱力學第二定律的這些貢品失去價值。

請讓我人生這塊小小區域保持混亂、讓我在這小小宇宙裡遵循熱力學第二定律，我已經幫熵找好一塊無關緊要的聚會場所。就像愛因斯坦，在他腦子裡，整個宇宙都井然有序。他想了解宇宙裡的各種作用力之間有什麼關連、在大霹靂那瞬間如何產生這些作用力；他想爲組成原子的所有東西找到定義，還想量化它們的性質。他忙著整理整個宇宙，而裡面有好多東西等待釐清、等著被馴服。光是要問對問題就夠難的了，更別說要把答案化約成簡潔而優雅的公式。所以，他讓混亂駕馭一部分的日常生活，而且用不著解釋或對其他人感到抱歉：他把那一頭亂髮獻給掌管熵的神祇。那傢伙眞是個天才。

# 物理練習

一、熱力學的第一和第二定律都出現了，不過還有個來不及取名字的假設，說不定可以稱為「熱力學第○定律」。內容是這樣的：如果兩系統各自與第三系統達到熱平衡，那麼這兩個系統也達到熱平衡。

這樣說可能對第○定律有點冒犯，畢竟這個名字已經夠尷尬的了。按照以上說法，如果 A 和 B 都很像 C，那麼 A 和 B 便彼此相像。很顯然的，科學家必須用它來釐清一些與熱性質有關的事情。讓我們想看看那些再明顯不過的第○定律。

A.第○運動定律會是什麼？

B.莫非第○定律呢？

C.報酬遞減的第○定律？

解答：

A.如果某物體處於運動狀態，那它就在動。

B.如果某件事可能出錯，那它也可能不會出錯。

C.如果你不做點事，就絕對無法有所收益。

# 16 光速與音速也能救你一命：波

高四和朋友在一起喝啤酒的時候，我應該就已經知道這輩子會愛上物理學，因爲我堅持要大家先用啤酒瓶吹出聲音，喝了一口之後再吹，就可以發現音高變低了。當瓶子裡的啤酒變少，所能容納的駐波就會變長，聲音的頻率因此降低。

對了，必須先提醒大家，如果你還未成年，但心想「作者念高中就開始喝酒，結果也沒怎樣，我也要這麼做」的話，請你再考慮清楚，酒精會讓你的皮膚變差。

凱麗打開車門，震耳欲聾的喇叭放出轟炸機合唱團的曲子，其他人很難聽見我在講什麼。我扯開嗓門大吼，好向大家解釋頻率與波長呈反比。

把音樂再調大聲點，我用車子擋泥板上累積的灰塵畫出正弦波，幫助大家了解手上啤酒瓶的空間如何決定聲音的頻率、振幅（波的高度）如何決定音量，而頻率的大小又如何決定音高。接著，我畫了一把吉他，弦還在震動呢，讓大家看到按弦的手沿著指板移動、縮短弦長時，彈出的音就會更高。如果他們有花心思比較我畫的兩個圖，就可以見到在瓶裡彈來彈去的空氣，和越來越短的吉他弦有什麼相似之處。結果凱麗叫我別再畫了，因爲她不希望我把她的車子刮花。

朋友們早就習慣，因爲我只要喝一杯啤酒就會做出這種事，但沒有半個人願意花時間研究一下我的圖解或公式。眞沒禮貌。隨你怎麼說。有的人就是不知珍惜科學討論和免費家教。我依然認爲波的形成和行爲十分迷人。

## 波的詩興

如果把小石頭扔到街上，你大概看不到什麼波。但如果把同樣那顆小石子丟進金魚池，就能見到波以石頭的入水點爲圓心，慢慢往外擴散開來。然後，你就可以寫一首美好的詩：

小石落
輕啄藍色池水
生出波紋，散開

一塊石頭掉在街上，絕對不會激發出靈感。如果不是掉到水裡，就不會有波，也就沒有詩句。

就跟小石頭推開水、形成漣漪一樣，如果你用腳使勁蹬一下，就會推動空氣造成聲波。空氣是個如詩般的介質，是個可以製造出聲音的東西。比如說，有隻啤酒瓶在你最好的朋友家門前砸成碎片，砸酒瓶的動作以波的形式推動空氣分子，然後擠壓他老爸的內耳，讓這位爸爸穿著睡衣站在前門，下定決心再也不讓你進他家大門（除非要幫你朋友寫化學作業，而且就算這樣，也要有大人在旁邊監督）。如果有隻啤酒瓶砸碎在車道上，卻沒有空氣傳遞聲波，那就沒人聽得到。不過現實生活中是有空氣的，所以關於派對地點的關鍵討論也就必須隱密地在化學作業薄上進行。

## 都卜勒的鴨子

日常物理現象中，我最愛的算是「都卜勒效應」，也就是警笛或火車的哨聲在經過身邊時，音調會改變的現象；這是為了紀念病態但帥氣的奧地利科學家都卜勒。一開始的音調高，隨著汽車或火車遠離我們身邊而降低。當你聽到「都卜勒效應」的時候，最簡單的方式就是看看池塘裡的鴨子。鴨子划過水面的時候，牠前方的漣漪會擠在一塊，後方的波則會比較鬆緩。

救護車的警笛也會發生同樣情況。救護車往前疾駛時，由警笛發出的聲波會比較密集，而它後方的波間隔較寬。聲波的波峰彼此靠近時，耳朵聽起來就是比較高頻的聲音。如果波峰間距變大，我們聽起來就是以較低頻的聲音。

都卜勒做研究的時候，已經知道光是一種波，就像聲音一樣（事實上，光也是「粒子」或「能量包」，它拒絕任何標籤，一副「我想怎樣就怎樣，你管不著」的樣子。後面會再討論）。光的頻率決定它的顏色，而波的振幅決定亮度。直覺上，把色彩的色調和亮度與聲音的頻率和音量畫上等號，是說得通的。我們可以看到的七彩顏色，就是從較低頻的紅到較高頻的藍。同樣的道理，對著你過來的警笛聽起來比較高，遠離時聽起來較低。都卜勒的理論指出，光靠近或遠離觀察者時，頻率會改變，顏色當然也就跟著變。如果這是眞的，當星體遠離我們的時候，看起來就會比較紅。

波與波之間的距離越寬，表示頻率越低，就像划過水面的鴨子背後，或離你遠去的警笛聲。透過我們的眼睛來看，頻率改變，就是顏色改變；頻率越低，看起來越紅。對著我們加速而來的星體，會因爲光波擠在一起、讓頻率更高，所以看起來

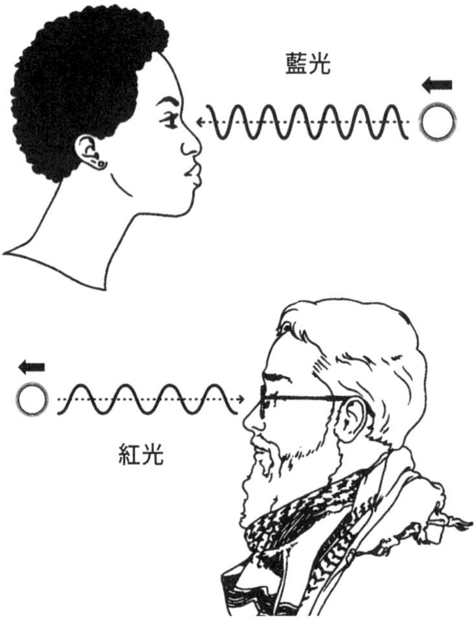

是藍色的。

用聲波很容易就能確認都卜勒的理論，但是必須花三十年才能證實光波也有都卜勒所說的紅移及藍移效應。當你接受都卜勒的理論後，如果再以愛因斯坦的相對論來理解，事情就會變得更有趣。拉長的時空之類的東西會讓你忍不住抬頭看著天花板，思索起人生的眞諦。

這麼說不是沒有理由的。如果你對現代物理沒有什麼認識，那你可要準備好了，本書最後幾章可能會令你坐立難安，或剛好相反——覺得深受啓發。讀完相對論和次原子粒子後，你說不定會辦一場盛大的跳蚤市場，賣掉所有家當（包括腳上的鞋子）後，光著腳丫出家。

## 炸彈離你有多遠?

聲音以秒速 0.34 公里前進，光每秒則可前進 299792458 公尺，完全不能比。如果要賽跑的話，聲音一定會輸得很慘，連車尾燈都看不到。

假設你有機會去做戰地記者，要報導一個美麗而有充足武裝的城市裡逐漸壯大的反抗軍，有一點關於聲波的知識，對你來說會很有用處。

當你對著攝影機講話，回答攝影棚內頭髮梳得整整齊齊的主播所提出的問題、講解最新的發展情況。就在這時候，有顆炸彈落在你身後的古老葡萄園，主播也許會問：「炸彈離你有多遠？」你的直覺反應也許是：「@#$%& 有夠近的！我得離快離開這兒！」但你很快想起來，觀眾們還要靠你以冷靜的頭腦評估情勢，幫助他們理解一個歷史悠久，且政治情勢錯綜複雜的地區是怎麼一回事。 如果你這次任務成功，說不定就能走上康莊大道，往舒適而且離炸彈很遠的直播節目主持人大位前進。於是你對主播說「目前還不清楚，不過之後可以再回報」之類的話。接著，你用一些優雅的詞藻殺時間，一邊閒聊這地區的歷史，一邊若無其事地放眼在葡萄園裡找。

等你見到下顆炸彈的火光，就在心裡開始讀秒，直到聽見「轟」的一聲巨響。你知道聲音每秒可以跑 340 公尺，而火花和聲音之間隔了 2 秒。很快來點心算，冷靜地告訴主播先生爆炸地點距離你差不多有半公里再多一點。下一顆炸彈落地，從看見火光到聽見轟然巨響之間只隔了 1 秒，於是你很鎮定的說：「那一顆大概是在 400 公尺外。我們必須找些掩蔽。」等到確定麥克風關掉後，現在你可以大聲抱怨：「這裡 @#$%& 的防空洞在哪啊？」

## 物理練習

一、你和一位休假的芬蘭海軍陸戰隊員進行越野滑雪、十字弓和喝酒比賽，優勝者可以得到一大把歐元，還有一艘巡邏艇。兩回合下來，你在滑雪和十字弓的部分表現還算不錯，可是在喝酒那項，那小子喝光啤酒的速度總是比你快得多。你懷疑他的酒瓶裝得比較少，也許他隊上的朋友已經幫他先喝掉一些，好讓他一開始就搶占先機。由於酒瓶是深色的，沒辦法看到酒的高度，這下子你要怎麼查出他們有沒有作弊？

解答：下一圈滑雪和射擊的時候先用衝的，搶在芬蘭佬之前來到擺酒的地方。大口喝酒前，先往你的瓶口吹出聲音，然後吹他那瓶。如果他那瓶酒發出的聲音比較低，就表示有人先偷喝了他的酒。這芬蘭佬是個騙子，下一圈他得矇著眼睛滑雪。

二、你趁著國慶假期帶兩個姪子們出去玩。你以爲點心準備得夠多，足以讓五歲和七歲的小孩高興好幾個鐘頭，可是他們很快掃光大包起司條、動物餅乾，還有一大盒果汁（到底是怎麼辦到的？他們個頭那麼小）。你的計畫是帶他們去看煙火秀，那裡會發送免費的熱狗和冰淇淋給小孩子。

**路上擠滿了人，大家都聽說熱狗和冰淇淋的事，所以車子大概只能以時速 8 公里前進。你知道要開到有熱狗的地方至少還要 15 分鐘，但是等到那時候，兩個小孩早就抓狂了。爲了決定是不是要來個大迴轉，改去得來速買晚餐，還是撐下去參加熱狗派對，你算了一下從看到煙火到聽見聲音過了 4 秒。如果交通狀況依然不變，你還要開多久的車才能到那了不起的兒童餵食區？**

**解答：**聲音每秒可跑 340 公尺，從看到火光到聽見聲音花了 4 秒鐘，結論就是你們離餵食區還有 1.37 公里遠（不要花時間去算光跑到你這裡要花多少時間，差不多只用了 0.000005 秒吧）。以時速 8 公里來計算，1.37 公里要花 10.2 分鐘。你一定辦得到。做個深呼吸。放心，等你老了，這些姪子會照顧你的。等到那時候，就換你為了動物餅乾被吃完而抓狂尖叫。喔，生命的循環真是美妙。

### 試著做做看！

**一、找間樂器行。走進去，挑一把吉他。一手壓住指板，另一手撥弦。現在，壓著指板的手指在弦上滑動，音調會變高還是變低？爲什麼？**

**解答：**如果你也有玩吉他，應該很快就會知道答案了。我在解釋這題的時候還可以好好練一下獨奏。手指往下移動，有效弦長就會縮短，等於縮短弦振動所產生的波長。你知道波長和頻率成反比，所以頻率就會增加；頻率較高，表示你得到的音調也更高。

**二、繼續待在樂器行裡，對店員說你想試試麥克風和擴大機（對啦，就是喇叭）。趁店員走開去搖鈴鼓的時候，手上拿著你的麥克風，然後讓喇叭位在身後或腦後。現在使出吃奶力氣，用你最大的音量、最高的音調來唱，會發生什麼事？為什麼？**

**解答：**會非常大聲，而且還會越來越大聲。你對著麥克風嘶吼的時候，喇叭將你的聲音放大，然後又進到麥克風，再放大……如此反覆循環下去，直到聲音大到讓人痛不欲生！

想要停下來，就必須將喇叭的電源全都關掉。如果你無法馬上伸手搆到音量調整鈕，至少要記得移開麥克風，別在喇叭旁邊唱。如果想了解為什麼會出現這種反饋，只要看看「擴大機」這個詞就知道了。擴大器接收聲波、把聲波放大——讓它們的振幅更大。頻率並沒有改變，只有振幅變了。所以聲音雖然變大，但音高還是相同。

# 17 一飛沖天需要累積能量：物質的相變

「只不過是一個階段。」到了青春期，姊姊和我的行爲開始大幅脫序，媽就是這麼安慰查克的。突然有了兩個青春期的女兒，查克盡他一切所能，想追上我們變化不停的品味和思考。某個星期，他收集的唱片成爲我們嘲笑的目標，而且他的打扮眞的很土。過了幾個星期，我姊的音響放著查克的滾石樂團專輯，我還穿他的牛仔夾克上學。有個年輕的繼父就是有這個好處，他沒有老到讓我們覺得萬分尷尬，像其他人的爸爸那樣。後來的問題則是我們要他把鬍鬚剃掉。上個月看起來還滿順眼的，現在突然覺得太像七〇年代初期的新手警察。

安尤金修女並不覺得我的復古牛仔外套有什麼稀奇。我走入中庭，經過她身旁，她突然伸出右手一把抓住我的上臂，力量之大，讓我以爲她之前是不是出了什麼意外，結果在右半身加入機器組件呢。我一邊等她和法文老師說完話，一邊在想，以前上健康教育的時候有說過，止血帶如果綁太久沒有鬆開，肢體就會因爲缺血而壞死，只好截肢。最後，我全身而退走出中庭，除了牛仔夾克。

我媽很淡定。外套違反制服規定、偶爾把幾綹頭髮挑染成綠色，或是把英式迷你小披薩一個個塞進肚子裡，好像怎麼也吃不飽……全都用不著大驚小怪。這只不過是一個階段。我終究會跳到另一個階段，或回去之前的階段，可是長期來看，我還是同一個人。變來變去的同時，我也在嘗試各種想法，一個換過一個，在不同階段裡循環打轉，等不及要變成大人。我好想得到自由。雖然我並不十分確定「自由」是什麼意思，但我希望會跟黑色摩托車有關係。

當我們情緒和風格變化快得讓人搞不清楚的時候，查克會躲進車庫找件事做，例如自製霰彈槍子彈，或是讀《阿拉斯加里程碑》旅遊指南，把可以加天然氣、洗熱水澡的中途站全都用筆圈起來。

就跟一直在不同階段之間換來換去的青少年一樣，元素和化合物不但可以凍結、熔化，還會蒸發。他們的外形從固體變成液體，再變成氣體，但不管處於那個相位，仍是同樣的元素或化合物。即使我們認爲某個元素是穩定的固體，一樣有熔點和沸點。銀在攝氏 961.7 度（熱到爆）會熔化，如果你能提高到攝氏 2162 度（熱到呆掉），銀就會沸騰。如果你努力讓溫度低到攝氏零下 210 度，擺明了是氣態的氮氣就會凝結（如果你所在位置的壓力跟海平面不一樣，這些溫度會稍稍有所不同）。這些變化沒有哪個是恆久不變的。改變溫度和壓力，銀或氮就會很樂意轉換成另一個新的狀態。

水發生相變的溫度範圍，就在人們的日常生活經驗內。

我們都見過冰溶成水、水沸騰變成蒸汽，還有這些變化的另一面——凍結與凝結。別被這些相變的名稱搞胡塗了。固體熔解成液體，液體沸騰成氣體。如果液體恰巧是水，當它沸騰的時候，我們就把它所產生的東西稱爲蒸汽或水蒸氣。如果換個方向變回液體，就稱爲凝結，或許還會把得到的液體叫露水。話說，工程師在講不同狀況的「露點」時，聽起來簡直就像古早浪漫派詩人在描述鄉間的清晨似的。

## 沸騰的水溫度不變

既然水的相變可以在廚房裡、以一般工具所能加熱的溫度發生在我們眼前，我們就還有機會管管水的閒事，在它相變的時候跟著攪和攪和。如果你把溫度計插進沸水裡，會發現不管把火開得多大，水的溫度都維持在攝氏 100 度。你想加多少熱都沒問題，但不會讓任何水分子變得更熱。水把所有從爐子傳來的熱能全都拿去轉變成爲蒸汽，因爲要進行相變，是個相當耗能的程序。

之前討論浮力時曾經說過，水是一群緊密交織、有組織的 $H_2O$ 分子。它們之間的連繫十分緊密，還有良好的家族價值。對水分子來說，離開這個群體是十分重要的一步；想要轉變成蒸汽，必須在起飛前來個規模極大、極具力量的助跑。原子或分子從液體轉成氣體所需的那一堆能量，可以稱爲「汽化焓」「蒸發焓」或「汽化熱」；這些稱呼都是用來描述打斷水分子的分子鍵結所需要的能量。

當水分子聚集能量四處遊走，準備好做出分離的重大決定時，水面的空氣分子會以原有的大氣壓力往下施加壓力，因此水分子需要克服與其他水分子的鍵結，還有在水面上的氣壓，它才能準備好一躍而起，邁入蒸汽階段。

這時，假設這鍋水剛好位於某座山區的滑雪小屋裡，也就是海拔比較高的地方，壓在水面上的空氣分子就會比較少。空氣的壓力較低，水分子要單飛變成蒸汽也就更容易，水就會在較低的溫度沸騰。一旦開始沸騰，水溫就會固定不變。換句話說，如果你滑了一整天的雪，回到小屋後想煮點義大利麵，就必須讓麵條在鍋子裡再煮久一點。

假設在一個良好、封閉的環境裡，一旦有個 $H_2O$ 分子跨出這重大的一步，由液體變成氣體，溫度就會繼續攀升；當不再有液體把能量用於相變，那些熱量就可以讓蒸汽變得更熱，水蒸氣們就會從一般蒸汽升級爲過熱蒸汽。工程師都喜歡過熱蒸汽，因爲它可以塞進更多熱量，也就意味著有更多能量，可用來轉動渦輪葉片或做其他有用的事。而且，因爲它的溫度比水的凝結點高，所以即使損失了一點能量，也不會變回水，把我們的貴重機器弄得一片濕淋淋。

我知道你在想什麼。你在想：「如果水分子必須聚集足夠的熱能才會變成蒸汽，那麼水沒那麼熱的時候，也就是平常所見的蒸發到底是怎麼一回事？水還沒沸騰就發生相變，成爲氣體？」

問得好。哇，你眞的成了科學家。你這個深思熟慮的問題可用一個重要的詞來表達：**多樣性。**即使是關係緊密，且相當一致的水分子社群，還是有些分子動得比較慢，或比較快。別忘了，如果檢查每個分子究竟帶有多少動能，就能得到一個鐘形分布，能量較低（較慢）的分子在一端，而能量較高（較快）的分子在另一端，大多數的分子則會落在中間。

這些跑得比較快的分子，比其他分子更麻煩。老師會這麼形容它們「上課不專心」，而且「老是分心看別人在幹嘛」，事實上它們只是擁有很多能量罷了，多到只要有一點點熱加進那群水分子，這些特別的分子就會分離成蒸汽；即使其他的水都還沒沸騰。

其他分子絕對不會承認它們很嫉妒，嫉妒有些人就是能比別人早一步一飛沖天，不用等待漫長的沸騰、不必一直說再見，只要輕輕一躍跳到空中，就汽化囉！不過話說在前面，如果從分子層次來看，分子們一直都是推來擠去的，所以單一水分子的能量有可能一下子高，一下子低。 水分子的相變就是當你洗完澡、一腳踏出浴室會冷得打顫的原因。當你裹著毛巾的時候，這些高能量分子已經發生相變，由液體轉變成蒸汽。它們正在蒸發。蒸發和沸騰的不同，只在於並不是所有液體分子都歷經改變，只有表面跑得比較快的那些分子產生變化，一點點能量就能讓它們轉變成為氣體；至於「較慢的分子」意味著能量較低，在我們皮膚上的感覺就是「比較冷」。現在你的身體就是爐子，提供能量讓水分子轉變成為蒸汽。它們從你身上偷走熱能，好跨出個人的一大步，讓你光著身子發抖。雖然有點不太禮貌，但那些動作比較快的分子就是這麼回事。在皮膚上擦酒精，感覺起來要比水更冰涼，這是因爲酒精分子比水分子更「不安於室」，也就更容易由液體轉變成爲氣體。跟鍵結較強、重視家庭價值，也更關心社群的水分子相較之下，酒精則是一整群能量很高、容易蒸發的叛逆小子。所以當你用酒精擦拭手臂，或是一杯伏特加不小心翻倒在大腿上的時候，這些只需要一點點能量就能起飛的酒精分子會一起說：「拜拜啦，遜咖！」在你皮膚上留下一股清涼感。

## 老派的冷卻法

和古人所用的冷卻系統比起來，現在我們用來冷卻擁擠健身房或塞滿電腦辦公室的系統非常新奇，不過用的還是同一個觀念：**蒸發冷卻**。從關鍵字「蒸發」可以知道，冷卻是利用相變——液體轉變成氣體。爲了達成目標，液體需要一些能量。蒸發系統強迫某種液體從空氣中偷走能量，好讓它從液體一躍變成氣體，將空氣冷卻。

在大熱天裡，古代那些聰明的波斯人或印度人會在走廊上掛一張草蓆，讓熱空氣有地方消耗熱量。當一陣風吹過草蓆，裡頭的水蒸發，相變的同時也會順便帶走空氣裡的一點能量，進入屋內的空氣就會稍稍清涼一些。也許這些熱過頭的古代人未必知道發生了什麼事，但他們知道屋內環境因此更加舒適。埃及的畫作也顯示出僕人會用扇子搧很多裝了水的罐子，移動的空氣可以促使水面的分子蒸發，留下來的水就比較涼，而搧風也有助於皮膚上的汗水蒸發。嗯，大家都很滿意……除了那些僕人，肩膀好痠啊。

## 生活物理學：個人的相變

從青春期到成人的相變，只花了幾年時間，但感覺起來卻像是好幾十年。就像每個高中生一樣，我相當確信自己要比爸媽聰明得多。查克曾經去過越南、柬埔寨、以色列，還會講西班牙文和一點希伯來文，這都算不上什麼。我媽曾經是位空姐，跑遍全國各地，當頹廢的年輕世代還忙著在咖啡店裡搏取掌聲的時候，她已經自食其力在舊金山過日子了。但不管是其中哪一個提出建議，我還是會翻白眼。我一直在等，等到哪天他們會承認我真的更聰明、更酷。

也許我們可以拿一件小事來說說，這樣你就會了解。

我跟媽媽說，我好想上大學、擁有自己的宿舍房間、每天都穿牛仔褲去上課，但是她說這種事會在不知不覺中實現。當時的我也跟之前一代又一代的青少年沒什麼兩樣，每天都接受爸媽的協助，卻從來沒表示什麼感激。媽媽會幫我打字、訂正拼字錯誤、加上標點符號。查克每天天還沒亮就起床，開一個小時的車去上班、修理汽車，要到我吃完晚餐很久後才回得了家。他每隔兩星期就會把薪水交給媽，拿去付房租、帳單，還有我的高中學費。週末他不用上班，有時會趴在客廳地板上，把熱敷或冷敷袋放在背上。

我做作業的時候，查克會在我們的圓橡木桌上吃他遲來的晚餐。晚餐過後他會跟我一起用功，翻閱他的專業工程證照考試祕笈，上頭沾滿機油印和咖啡漬。我很專心地想趕快把作業寫完，這樣就可以打幾通重要的電話，弄清楚哪幾個田徑隊的女生在和足球隊的男生交往（這些門第相差太遠的浪漫關係，最後往往以失敗告終）。

有天晚上在餐桌邊，查克問我一些他正在念的東西，他搞不懂描述熱力學循環的數學。我不懂什麼熱力學循環，可是數學我會。我教他怎麼交叉相乘、消去，然後求出答案。他照著我所說的做，但在此之前，都是他教我。他很認眞教我各種重要的生活技能——怎麼釣魚、用電鑽、針對敵人的咽喉使用肘擊。教他東西讓我覺得好奇怪。

坐在他旁邊，看著他把數字寫下來，仔細一看，才發現手掌的油汙底下布滿傷痕。有時回家用過晚餐之後，媽會拿鑷子把他手裡的金屬碎屑夾出來。這是我這輩子第一次爲他擔心。過去我一直在擔心媽媽，因爲她有癲癇的狀況，如今我卻以另一個角度爲她和查克煩惱。我在想，如果查克太老，或是背痛太嚴重，沒法鑽到車底下修引擎，那該怎麼辦？

在查克和我媽結婚、收養我和姊姊前，我們的房子已被法院拍賣了。屋子前也常有警車或救護車停著，因爲我和姊姊不知該如何處理媽的癲癇，只要她一發作，我們就只能報案請人來幫忙。我們常常跑到隔壁借雞蛋，藉口說要做餅乾，其實是急著下肚當晚餐。家裡會有社工人員來訪，檢查我們的廚房，確定家裡有鍋碗瓢盆，可以好好使用食物券。

是查克讓一切都變得不一樣。現在我們這間幽靜的小房子外面有忍冬花爬上圍牆，享受著他一舉扛起的生活。他才三十三歲。我第一次覺得他似乎有點累了，看著他用滿布傷疤的雙手在橡木餐桌上寫二次方程式，我知道他沒辦法永遠扛著我們。

我必須靠自己，說不定還得扛起查克跟我媽。我姊曾經念過大學，但待不久。全家人都要靠我了。我知道該怎麼做：首先我要拿個學位，然後幫媽和查克，讓他也去讀個工程學位。這是我從女孩轉變成大人的開始。轉大人並不是把爸媽拋開不顧，而是知道自己對他們有責任。我在教育程度上已經超越了他們，我必須利用這項優勢幫助他們。我知道爲什麼要追求好成績、上大學，還要選個主修、挑到好工作。他們從來不曾要我提供支援，但在那個時刻，當我開始轉大人的時候，我知道自己只想做好準備。

就像是沸騰的水溫度不會上升，也沒什麼測量得出來的立即變化。媽和查克依然幫我付高中學費和大學的學費，我還是把成績單拿給他們看；不管是誰提出建議，我還是會翻白眼。但現在我已經知道：他們需要我，我必須發揮智慧、必須出人頭地。

高三快結束的時候，我不再期待自己成爲大人。我提出入學申請，還仔細研究不同四年制學位的起薪如何。屢試不爽，只要我不再張望等待，水就會整個沸騰起來。

## 物理練習

**一、如果你有一罐液態氮，你想在它逐漸升溫的同時盡量保時在液態，你應該降低或增加罐內壓力？**

**解答：**施加高壓在液體上，會使得分子更難從液體轉變成氣體。面對較高的壓力，分子需要更多能量才能進入氣體狀態。換句話說，要到更高溫才會沸騰。因此，把液態氮保存在高壓系統內會提升它的沸點，就更容易維持在液態。提高壓力吧！

**二、現在你已經知道水是怎麼在皮膚表面蒸散的了，那麼，請解釋一下：乾燥的空氣爲什麼比潮濕的空氣更加舒適？你流汗的時候會發生什麼事？**

**解答：**熱的時候，你會流汗；汗水會蒸發、進入周圍的空氣裡，而蒸發的過程會從你身上偷去一丁點熱，讓你涼快一點。乾燥的空氣要比已經塞滿冷凝水（也就是濕度）的空氣更容易吸收水蒸氣，而汗水在乾燥空氣中的冷卻效果也比較強烈。而且，濕氣會弄塌你的頭髮，讓你覺得渾身無力；當你覺得渾身無力，炎熱的一天就更熱了。這是有科學根據的。不信去查查看。

## ♡ 試著做做看！

假設你到澳洲徒步旅行，想享受一段心靈假期，好讓自己放空，一定會想知道如何利用水的三相變化取得一些乾淨的飲用水。最好在還沒渴得發慌、把岩石看成一隻凶巴巴的小狗之前，先練習一下吧：

拿一只大碗、一只小碗、一塊小石子，還有些保鮮膜。先在大碗裡放十多公分高的髒水，再把小碗放在大碗裡（一樣開口朝上），然後用保鮮膜封住大碗，最後再把石頭放在保鮮膜上正中央的位置。現在把整套設備放在大太陽底下。水會蒸發，附著在保鮮膜上，然後溜下來到中央最低點，滴進小碗。水蒸發的時候，就會把髒東西留在原處，得到的就是可口的乾淨飲水。

你知道要怎麼用兩只碗和保鮮膜做出小型淨水器了，不過真正的挑戰在於用更不顯眼的東西來做。你有一塊壓克力板和一個舊浴缸，能不能派上用場？你需要有個容器裝髒水、一個有彈性的表面讓水凝結在上頭，還要有一個地方讓水能流下來收集在一塊。

加分題：如果原本的髒水裡有汽油，這個蒸發式淨水裝置能不能得到乾淨飲用水？

**解答：**不行。蒸發的水會把灰塵和雜質留下，但是汽油的沸點比水低，所以會蒸發並滴入你收集清水的容器。這個蒸發法只能用來分開沸點比水高或不會沸騰的東西。

# 18 愛迪生與特斯拉的啟示：電磁力

在路西鐸教練跟我們解釋電流之前，我已經有種感覺，不論遇上大小事情，都可以用物理定律來理解。人生就像是一間大型物理實驗室，宇宙裡任何突然其來的事件，追根究底都是相同的關鍵概念——有一個力作用在物體上（由原子所組成），使得物體產生反應。即使電流和原子裡的電子有關並不是什麼重大推論，但是我能在教練畫出小小的電子移動前就正確猜到這件事，還是讓我覺得自己眞是聰明。

一般而言，這些電子（帶有負電）是繞著原子核（帶有正電）打轉的，除非有什麼誘因讓它們開始從這個原子跳到另一個原子；而其中一個誘因就是由聰明的人類發明的，那就是電池。汽車電池裡，一邊是富含電子的材料，另一邊則是電子不足的材料。把兩邊相連在一起，電子就會游過電解液，衝向電子不足的那塊板子。電子只要發現附近有一群帶著正電的質子，就會控制不住。它們爭先恐後互相推擠，就像年節採購的人爲了搶購最後一部凱蒂貓爆米花機瘋狂爭奪。這股單一方向的狂潮就會造成電流。

用來傳導電流的電線通常用銅製成，它是原子界的導電度亞軍。銅有二十九個質子和二十九個電子；這些電子裡，有二十八個十分愜意地窩在它們的軌道裡（或者，更正確地說，是能階），繞著原子中央的質子與中子打轉。第二十九個電子是長期房客，算不上是這緊密大家庭的成員。在一條銅線裡，格格不入的那顆電子並不特別忠於哪個原子，於是會在原子之間彈來彈去，而且總是會有其他四處流竄的電子取代它所留下的位子。電子這麼容易來來去去，使得銅成爲極佳導體。在知道電子會這樣推擠跳動前，我還以爲電流就和水流一樣——我們把電燈開關打開後，就有一股閃閃發亮的電（或什麼都好）洶湧而出流過電線。可是打開電燈跟扭開水龍頭不太一樣。

開電燈的時候，其實是把電線接上電流。電線裡的電子，大致上是朝著電燈泡的方向跌跌撞撞而去。電子實際上並沒有跑得多快，也不是直線前進。但是電線裡擠了非常多的電子，不論什麼時候都有一大堆電子在移動，直到它們抵達電燈泡這個目標。

電子不會像水那樣流動，它們的動作就像一大批海龜。打個比方，你看到一座細長的橋，連接海龜繁殖的小島與內陸。繁殖季在清晨六點準時登場，如果你在六點零一秒的時候就看到海龜從橋上湧入小島，你會以爲那些海龜的速度快得不得了，居然在 1 秒內飛奔通過大橋！

你會這樣誤會也是情有可原啦，因爲你並不知道那橋上早就擠滿了海龜。牠們並不是六點才從內陸出發，而是早就在大橋上擠得水洩不通。電子的狀況也是如此。我們認爲電子的速度超快，但事實上它們只是緊緊塞滿導線，準備好只要一有空隙就往前移動。銅導線裡裝滿落單的電子，直接往閱讀燈的燈泡衝了過去，因此，一打開開關，最靠近燈泡的電子並不用跑太遠，就能立即通電、立即點亮你的生活！

如果想對導線裡的電子有多擠有個確實的概念……1 安培電流表示每秒鐘有 6250000000000000000 個電子通過。爲什麼工程師要用安培來描述電流，而不用電子的數目，就是這個原因。如果什麼東西有一百萬的一百萬的一百萬個，就要用到好多個零，而工程師並不喜歡一長串的零。我們和計算機十分要好，不想因爲十五個零給它們添麻煩。工程師和他們的計算機之間有深厚的感情，這的確很難理解。

請記住，如果你見到工程師拿著計算機磨蹭鼻子，應該爲他們感到高興才對。

## 電磁場

在教練證實眞有這個說法之前，「電磁場」聽起來好像卡通裡準備占領地球的大壞蛋才會說的話；後來才知道，「電磁場」不但眞的存在，而且是必然會用到的稱呼。如果我們先提到電子往一個方向跳動形成電流，然後再另外討論磁力，那就會發現根本行不通。電力和磁力緊密相關，兩者彼此相生、循環不已，這種帶著禪意的關係眞值得打個坐好好思考。如果我們把這兩件事都想像成「場」，就會比較容易了解。

一個帶電的粒子（例如質子或電子）就有一個「場」，也就是影響範圍。如果另一個帶有負電的粒子想要飄入某個電子的電場，那個粒子就會十分粗魯地被推走。由於粒子並不會實際接觸，所以最好說是它們的「場」（而不是粒子）彼此作用。當然，粒子靠得越近，「場」所感受到力量就越強大。同樣的，磁石也有磁場，如果讓兩塊磁石互相靠近，你會感受到兩者之間有相吸或相斥的力量，這就看靠近的兩端是同極或反極了。

有趣的來了：如果你把一條電線放在兩塊磁石之間不斷移動，電子就會開始在電線裡流動。另一方面，電線裡流動的電子會產生磁場。移動的磁場和電場就像陰和陽，互為作用力和反作用力。如果你想把電場和磁場完完全全分開，那是不可能的——它們是一體的。

但既然人們對於禪語沒有耐心，我們就別再去深究電場、磁場、電流還有生命的眞諦，專心想個辦法利用電子加熱我們的鬆餅機。發電機可以用好幾種方式利用磁場與電場的相依關係，爲你做早餐的關鍵動作提供能量。基本的發電機是這麼運作的（這模型實在有夠基本，你可以輕易依樣畫葫蘆）：

拿一捆電線繞在某個看起來像是大型攪拌鏟的框框上，然後把它放在固定不動的磁鐵南北極之間旋轉。讓線圈在磁極之間轉動所需要的力可以取自瀑布、自行車或蒸汽機。因爲你讓電線穿過磁場並不斷移動，結果會得到什麼？沒錯，你可以得到電流。簡單！

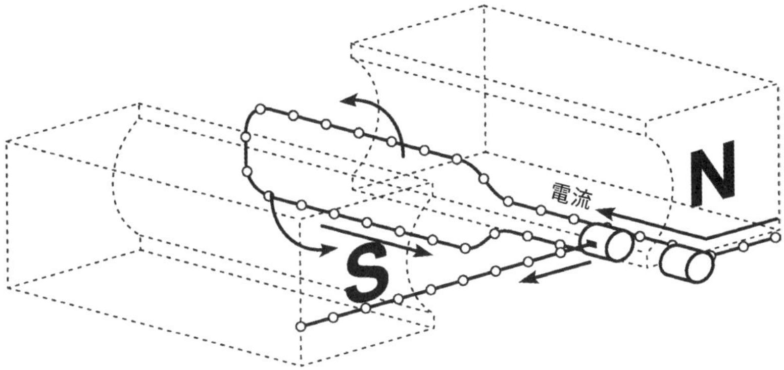


是啦，並沒有那麼簡單。當電線產生陣陣電流時，你還有一些細節必須搞清楚。在前面描述的簡易發電機中，電流增加，然後又降回零，然後產生反向電流，又降回零。這是因爲磁場與電流之間的關係有一點小小的彆扭；如果要產生電流，磁場方向必須與電線的動作呈直角，你可以想成它們兩個要「針鋒相對」。如果電線順著磁場移動，並不會激發電子，什麼都沒有；但如果電線的移動方向與磁場垂直，電子就會有所反應，並產生電流。

所以在我們的發電機例子裡，攪拌棒先是垂直切過磁場，再順著磁場。因此，每轉一圈，電流就會突增，突降，然後再突增，再突降。爲了讓電流能一直保持相同方向，早期的發明家在線圈末端（大概就是攪拌棒握柄的位置）套了一個稍寬的小鐵環，利用這東西接收電流，再加上幾個電刷，就可以一直提供同一方向的電流。

現在電流已經製造出來了，還需要傳送出去加以運用。關於電子的知識，最基本的就是要知道電能等於電流乘上電壓：P＝I×V（我知道電流用字母I代表有點奇怪。早期研究電的時候，電流是叫做「電流強度」〔intensity〕的）。所以，如果你要傳送一大堆電力給都市，要不就是增加電流，要不就是增加電壓。可是家庭用的是標準110伏特，所以我們必須以這個電壓來傳送；如果我們提供的電能是其他電壓，家裡的收音機和吹風機就沒辦法用了。所以啦，只要把電流提高，就可以傳送很多電能了！沒問題啦！

不過這樣是辦不到的。如果你調高電流，就無法塞入傳送電力的導線。雖然我之前說過，電流並不是像水那樣流動，但透過電線傳送電流，倒是和透過水管送水類似。水管越長，對於水流的抗拒力越大；另一方面，水管的截面積越大，越容易讓水通過。如果我們想把電流傳送到一大段距離以外的地方，就會遇到問題：輸送電流的電線阻力會隨電線長度增加。我可以增加電線截面積，好讓電流通過，但是需要花費的金錢會貴得不像話，而且我們需要有一群超人樵夫，才能架設非常粗、非常重的電纜。兩種做法都不可行，我們無計可施了。要怎樣才能傳送一大堆電力到很遠的地方呢？

## 愛迪生與特斯拉的慘烈競爭

如何長距離送電的問題，激起當代史上最巨大的思想衝突。這故事裡有自大的傢伙，有被電死的小狗，還有對於鴿子的眞愛。

還記得愛迪生嗎？我們在學校讀過好多次，美國最偉大的發明家？好吧，其實教科書都跳過一件事沒講，那就是愛迪生是個混蛋。他費盡心力扼殺使得長距離電力輸送成爲可能的絕妙點子。就是因爲有長距離送電的技術，才能讓我們的日常生活電氣化，但關於這件事，愛迪生居然站在歷史上錯誤的那一方，眞是令人驚訝。

一八八〇年代，束腹和裙撐還大行其道的時候，家裡還在用煤油和瓦斯點燈，愛迪生就開始做起販賣直流電的生意。他會裝一部直流發電機（就像之前描述的那一種），然後把電力送給附近的用戶（大概是方圓 1.5 公里以內）。他只能爲那麼小範圍的家庭和公司行號提供服務，是因爲電線拉長使得阻力太大，無法將電力送得太遠。

然後，從歐洲來了一個名叫特斯拉的人，想要進愛迪生的公司。特斯拉有個瘋狂的想法：爲什麼不把發電廠蓋在……譬如尼加拉大瀑布旁邊，利用水的力量轉動發電機的轉子，產生一種能夠傳送很遠的電力？你不僅可以供電給死氣沉沉的小小水牛城，還可以供電給大大的紐約市呢，那多酷啊！

但愛迪生的反應差不多像是：「那行不通啦。」

或者是：「你哪有資格來跟我講電力的事情？這玩意是我發明的。而且，你的口音笑死人了，再說我也不喜歡你的外套。」（呃，我想他應該沒這麼說）他爲什麼不叫特斯拉趕快把設計圖拿出來看呢？有兩種說法：

一、愛迪生著眼的是以直流電爲核心的企業王朝。

二、愛迪生根本搞不懂特斯拉的想法，因爲那些點子比他的想法還先進。

特斯拉眞的有在愛迪生手下待過一段時間，但愛迪生對他的偉大新想法不感興趣。特斯拉終究發現自己被冷凍了（現在，別抱怨自己的第一份工作無法充分發揮你的特殊才能了），雖然特斯拉手都磨出繭了，依然持續在腦子裡拼湊自己的想法。他想製造出交流電，而不是直流電。如果是直流發電機，電刷和接點要做調整，以配合線圈在發電機磁石之間轉動所產生的電流。但特斯拉的想法是這樣的：讓電流來回交換方向。電燈泡又不知道有這種事，它只看得見電子飛來飛去，電流還是電流，燈泡並不在乎電子是往哪個方向去。它變換的速度太快了，所以燈泡不會變暗。

特斯拉知道，這交流電可以傳送到很遠的地方，而愛迪生的直流電無法做到這點。這是因爲交流電可以用非常高的電壓傳送（這樣就能傳送大量能量），之後再降到可以使用的120伏特。以高電壓傳送電力，讓他能用很小的電流就進行長距離供電；而電流比較小，就表示可以用比較細的電線。

在把電力傳送到都市配電所之前，先把電壓「提升」，然後再「調降」，是很繁雜沒錯，也只能用交流電實施。但是有一種簡單到嚇人的設備，可以把電流從某個電壓轉換成另一個電壓；就連名字都很簡單。就叫「變壓器」。降壓變壓器把電壓從高降到低，升壓變壓器則把電壓從低升到高。這變壓器只不過是兩個彼此不相觸的大線圈，但是都繞著同一個鐵芯。如果沒有電流的話，兩個線圈就只能彼此乾瞪眼，但是當交流電觸及其中一個線圈並反向折回時，動作就開始了。電流在流動時會發生什麼事？會產生磁場的變化。磁場變化會怎麼樣？會產生電流。其中一個線圈開始產生電流時，變壓器內的另一個線圈就會感應到磁場的變化，並產生自己的電流。如果其中一個線圈的長度較長，並且繞得更多圈的話，就可以調升或調降電壓。

如果用變壓器配上直流電，電流就只會在其中一個線圈裡繞，卻無法對另一個線圈產生影響。直流電無法享受變壓器的好處，在它眼中，變壓器只不過是一團繞著鐵芯的電線，並不是什麼了不起的電壓／電流變化裝置。另一個線圈之所以不會產生反應，因爲電流並沒有改變方向以誘發更多電流。直流電裡並沒有什麼神奇的異性相吸魔力，但是在交流電裡，線圈裡有活蹦亂跳的電子產生磁場，所以另一個線圈也隨之起舞。所以，如果你要把 240 伏特的電從很遠的發電廠送出去，最好全部都用高電壓低電流，透過大小適中的銅線傳送那些電能。傳到變電所後，再用變壓器把電壓「調降」，送到各個家庭。

所以，特斯拉贏了，對吧？我們在現代的輸配電路當中使用的都是他的交流電系統。他贏了沒錯，但勝利來得不夠快，他無法親自享受。我們之後會再談到他，不過我要先確定你知道如何運用這些想法，萬一你住的城市遇上長期缺電，不但可以求生，還可以變成某一個小小封地裡不可動搖的統治者。

## 順理成章當上社區老大

如果每個部分都完美得不得了的交流電系統有個環節出錯了，那該怎麼辦？如果太陽射線摧毀所有變壓器，使得電壓無法調升或調降，那該怎麼辦？防災專家會很樂意告訴你接下來會怎樣：食品短缺，然後強盜出現，接著就是標準的失序暴動，最後是政府瓦解。

我們無法對文明行為以及有線電視的終結做好完全的準備，不過你至少可以在地下室囤積好三十天份的食物和飲水。而且，你需要有個方法保護你的儲備品（不論你是否願意，肚子餓的人都會做出瘋狂舉動）。當你在做準備工作的同時，何不順便收集一些材料，用來製造小小的人力發電機？花一天工夫把你家用鐵絲網包在裡頭，做完後你會很想喝一杯熱紅茶。現在你已經很清楚發電機運作的基本原理，不過還要再多做點研究。在電力供應中斷前，用磁鐵、電線和健身腳踏車很快做出一個發電機，這樣才能邊做發電機，邊上網查。

而且，你在為供電可能崩潰預做準備的同時，還要練習一件事：如果所有的火柴和打火機都用完了，該怎麼生火？你只需要一小撮鋼絲絨，還有一個9伏特的電池，就能生起一堆像樣的火。把鋼絲絨扯鬆一些，讓細細的鐵絲之間有很多空氣，然後用四方形電池的正極和負極對著那一團鋼絲絨摩擦。那些微細的鋼絲努力想要把電池裡的電傳出來，當鋼絲所傳送的電流超過它的負荷時，熱不斷聚集、變紅發燙，就會像一小堆營火燒起來。

如果發生長期缺電的狀況，擁有一部人力發電機，還藏了一批想像不到的生火用品，已經足以讓你成爲附近十分重要的人物。要是眞的發生這種事，你的地位自然而然就會從聖誕節聯歡會主辦人一躍而成社區老大。因爲你是個講道理的人，所以你也不會利用剛到手的權力爲以前的事情報復……除非你眞想那麼做。

## 愛迪生與特斯拉的故事還沒完

剛剛講到可憐而且鞠躬盡瘁的特斯拉，他被派去鏟雪。沒在鏟的時候，他就在等有沒有人願意投資他的交流發電機。失敗過好幾次後，特斯拉終於找到喬治．西屋合夥。喬治是個好人、發明家，而且是交流電的支持者。特斯拉和西屋簽約，生產交流電並且拿去賣；愛迪生則派出被交流電電到的狗和馬公開反擊，想說服大家那東西用起來太危險了。愛迪生的支持者哈羅德．布朗用交流電爲紐約市的一名犯人執行死刑。他們還說是利用「西屋法」處決死刑犯。眞是了不起的負面品牌宣傳。

西屋和特斯拉贏得一八九三年芝加哥世界博覽會的供電標

案，在這場電流大戰當中回擊愛迪生一記重拳。他們藉機大肆宣傳，還由克里夫蘭總統開啓電閘，點亮「光之城」的上萬顆燈泡。愛迪生從他小小的「燈泡史」攤位看出去，只能徒呼負負（我確信愛迪生還有更多好東西參展，不過誰知道呢。關於他爲了參展做過哪些準備，又拿出什麼東西，始終沒有什麼定論）。

在那之後，特斯拉和西屋又狠狠打擊了愛迪生一次。他們贏得一項合約，要在尼加拉大瀑布蓋一座發電廠。他們出運了——雖然愛迪生的公關團隊還是一直拿出被「西屋法」電死的小狗小馬來嚇人。但贏了這個回合後，特斯拉並沒有就此一帆風順。西屋公司財務出狀況，無法支付給特斯拉的權利金，沒想到特斯拉寬宏大度，竟把合約給撕了，因爲他不願意好朋友和忠心的支持者破產。特斯拉眞是個好人，但是沒了那份收入，他必須努力找其他投資者來贊助後續的研究。

義大利發明家馬可尼首度成功發送跨太平洋無線電訊號的時候，特斯拉指出，馬可尼是用了他的專利才辦得到，但是卻沒人給他掌聲；後來，特斯拉最堅定的財務支持者竟遇上鐵達尼號船難。遇上這種倒楣事，從此以後，特斯拉偶爾才會展現美好才華，大多數時間裡只顯露徹底的瘋狂。他會「一、二、三」地數著自己的步伐、害怕有病菌而不和人握手，還相信有來自其他行星的生物跑到科羅拉多的實驗室找他。

接下來是鴿子的事情。搬回紐約的時候，他很喜歡餵鴿子。這倒不是什麼怪事，但他讓鴿子進到旅館房間裡就有點詭異了。辭世前最後幾年，和愛迪生爭輸贏，再加上沒人支持他的計畫，讓他壓力大得不得了，還因爲沒付房錢被趕出旅館（那些鴿子也一併滾蛋）。他最喜歡、最鍾愛的那隻鴿子死掉時，特斯拉完全崩潰。

愛迪生晚年享盡財富與名聲，特斯拉卻孤零零離開人世，他的屍體還是旅館女服務生發現的。這除了是個人的悲劇，這也是腦力遭到浪費的例子。特斯拉想爭取經費和認可，愛迪生卻盡力想毀了他。特斯拉還有好多很棒的點子，包括免費的無線電力；當然，他還相信有來自其他行星的生物傳送訊息給他，並且把鴿子當老婆，但我們多少都能諒解，畢竟他發明了改變世界走向的東西。

想想看，如果這兩人是友善相待的夥伴，可以完成多少東西：愛迪生坐在店裡，特斯拉也在，全都工作到三更半夜。愛迪生以無比耐心試過上千種方案，而特斯拉複雜設計的發明早在他腦子裡就仔細想過了。如果他們一起工作，我們會得到什麼？提早好幾十年享受無線通訊？沒有汙染和核廢料的發電廠？因爲愛迪生沒有善待特斯拉，我們損失了多少？

我希望可以用愛迪生和特斯拉的故事來提醒大家，不管自以爲有多聰明，一定有人更聰明。那個人也許穿著奇裝異服、帶著奇怪口音、沒多少朋友，還有強迫症，每次吃飯前都要用三條白色餐巾把銀製餐具擦三次。

推崇特斯拉的同時，我總是想到自己上中學的第一個星期，瘦巴巴的膝蓋露在硬邦邦的裙子外頭，左右都是我不認識的人。羅榭爾修女要我們分組練習體積測量的時候，其他女孩都去找打從幼稚園就認識到現在的朋友。我呆在原地。如果班上的人數是奇數，剛好剩我一個人落單該怎麼辦？坐在我前面的女孩轉身過來，雙手壓在我桌上，開口問道：「我們一組好不好？不過妳最好知道要怎麼量立方體和密度和管他什麼東西，因爲我完全搞不懂。」

得救了。

## 物理練習

一、歐姆定律可用來描述電池供電給燈泡的簡單電路系統：電壓等於電流乘以電阻，V＝I×R。

A.在這小小的電路系統中，是什麼造成電阻？

B.電壓是由什麼提供？

C.有沒有發現什麼可以用你的名字來命名？

解答：

A.電路中的電阻是電燈泡。另外，電線裡也有一點電阻。

B.電池。

C.描述一下你命名的定律。舉例來說，麥金利小姐定律就是：

Y＝10×（N/S）

其中 Y 是有人欣賞你的點子要花幾年時間，N 是用 1 到 10 的量尺來衡量這新點子和原有的觀念比起來有多新，S 則是用 1 到 10 的量尺來衡量你的社會手腕和個人魅力。

如果你的點子並沒有那麼原創，但你是人見人愛的人，那你一樣很快就能得到賞識。如果你的點子先進到難以理解，但你善於社交，那就要花一點時間才會得到賞識，不過應該可以在你有生之年見到。如果你的想法十分新穎、不善於與人相處，又有強迫症，就要花好多好多年，才能讓這個世界了解你有多棒。抱歉啦，特斯拉，我們現在能欣賞你的才華了，要是你沒那麼詭異的話就好了；不過，還是要感謝你的交流電。

**二、半導體工廠的製程需要用到純度超高的水。把水送進純水機裡，除去礦物質和少許其他物質後，感測器會告訴工程師水的電阻有多少。以下那一個純度較高，是電阻 1800 萬歐姆的水呢，還是電阻 500 萬歐姆的？**

**解答：**水中的礦物質會讓它容易傳送電流（有更多擠來擠去的電子），如果把礦物質從水裡移走，就不再那麼容易導電；用相反的方式來講同樣這件事，就是純水更能阻止電流。電阻高，就表示水裡的礦物質較少。由於歐姆是電阻的測量單位，所以 1800 萬歐姆的水純度會比 500 萬歐姆的水更高。

### ♡試著做做看！

我知道這聽起來有點可怕，不過請嘗試用你的舌頭組成一個電路；但不是用汽車電瓶之類的危險物品。請用以下方式做一個超低電壓電池：取一塊銅片和一塊鋅片洗乾淨，切厚厚一片檸檬，然後把銅片和鋅片插進檸檬片，兩者不要相碰。用你的舌頭去碰兩片金屬。有沒有感覺麻麻的？那就是有電流通過。爲什麼會這樣？

解答：酸性的檸檬汁會把銅片裡的電子逼出來，跑到鋅片裡。當你用舌頭把電路串起來的時候，電子就會移動，因此產生電流。這個銅／鋅的安排還有很多其他不同的搭配。你可以用銅片和鋅片堆成一疊，中間再夾上浸過醋的紙巾，做成一個電流足以點亮小燈泡的電池。

如果這輕微的麻木感還不夠過癮，你可以用舌頭去舔一個 9 伏特的電池，保證你的舌頭會相當來勁。這是試音時經常會做的事，吉他手檢查調音器或踏板的時候，需要知道電池是不是沒電了。如果舌頭一陣酥麻，就表示電池還有電，而調音器或踏板的問題是出在其他地方——但千萬別說試音的人有問題。如果這麼說他的話，他整晚都會在你的監聽耳機裡放一堆煩人的混音，讓你為此付出代價。

# 19 培養神祕感：飄忽不定的電子

高中生涯只剩最後兩個禮拜，我們已準備好加入偉大的古老傳統：在畢業典禮上最後一次唱校歌、把格子裙拿去網球場後面燒掉，還要在暗戀了四年卻不敢表白的男孩家前院裡燒衛生紙。是的，我們已經轉大人了，成為老師、父母都引以為傲的年輕女性。然而，當我們以為自己身處某個值得依靠的結構時，教練竟把舊的原子模型拆開，還弄翻了牛頓的一整車蘋果。這兩句話的意思並不是指「需要稍微修正一下熱力學定律的用字」，或「牛頓在期末考作弊」。作弊這點小事我們還有辦法容忍，但原子模型簡直就是神聖不可侵犯。我們就是靠它了解原子鍵結、電流，還有氣體定律。再說，這模型很漂亮，我們的原子就像是小小星球，更小的電子就像衛星一樣繞著打轉。

事實上，電子繞原子核的方式並不像小小的衛星。「我們並不眞的知道它們怎麼跑。」教練一邊說，一邊把黑板上電子繞行原子核的圖擦掉。他在原子核周圍用粉筆畫上模模糊糊的雲霧。他說，如果我們眞的要去找電子的話，這些雲霧就是電子可能出現的位置。喔，原來電子從不輕易說出自己的祕密——根本就是低調到讓人抓狂。

## 電子的成人舞會

要怎麼讓電子進入社交圈？從過去我們把電力想成是一道閃電或電流，到想像電子是個帶電的迷你小包裹，科學家到底從中得到什麼好處？ 一切都從派對裡的小花招開始。十九世紀中葉，科學家把電流導入抽眞空的瓶子，展現出美麗的亮光，博得滿堂觀眾「喔——」、「啊——」的美妙讚嘆。這些管子演化成霓虹燈招牌，雖然現在看來沒什麼大不了，但是可別忘記，以前可沒人見過這樣的東西，而且那時候也沒什麼娛樂可選。 這些愛現的科學家把管子裡的空氣抽得越乾淨，光芒就越美。他們會把這些發亮的管子留在安可時再拿上臺秀一秀，因爲他們不想回答任何相關問題；但只要態度強硬一點，他們就會承認自己根本不知道管子爲什麼會發亮。

很多人都自有一套理論，可是只有英國的物理學家湯姆生膽子夠大，敢說他相信管子之所以發亮是由於原子裡的某個小部分。

原子的某個部分？你說什麼？在那個時候，這可是個不得了的講法。原子才沒有什麼某個部分可言，沒有東西比原子還小，原子也是無法分割的，不是嗎？湯姆生更進一步說，這種比原子還要小的東西帶有負電。他運用一系列實驗，證明他才不是吸多了實驗室裡的化學藥品，這個在原子裡帶有負電的東西眞的存在。

可是湯姆生不知道這些帶負電的小東西在原子裡是怎麼排列的，也沒辦法提出十分完善的模型。他說，電子是嵌在一團帶有正電的東西裡。

湯姆生稱它爲「葡萄乾布丁模型」；他說的「葡萄乾布丁」比較像是一種裡面放滿葡萄乾的蛋糕。湯姆生想像電子在原子裡的分配，就像葡萄乾分布在蛋糕裡一樣隨機。湯姆生有位學生叫拉塞福，是個來自紐西蘭鄉下的小孩，他證明了原子並不是水果蛋糕之類的東西。拉塞福證明，原子有個帶有正電的核心，小小的電子則繞著原子核飛舞。

而且，如今大多數人也都這麼認爲。然而，如果更仔細研究電子，拉塞福的模型以及我們對物質的認識，都要來個一百八十度大轉彎。

## 想方設法追求電子

二十世紀初，有一大群科學家開始追求電子，一個接一個，前仆後繼。他們劈頭就朝私人問題進攻：「你有沒有規規矩矩沿著軌道繞著原子核轉？」、「你是粒子還是波？」、「如果你是一棵樹，會是哪種樹？」

電子只肯透露一丁點訊息，好讓大家繼續保持興趣。它的行爲有時像波，有時又像粒子；它的確切位置是一團未解的機率迷霧，但實際上並不眞的在某些地方飄，因爲它不在雲霧之中，它就是那團雲霧。問題是，一旦你特別鎖定它，甚至是去追尋它的動作，一切就會變得不一樣。

電子就像是派對裡最神祕的女孩，講話有種腔調，你不太確定她是從哪來的，也從來不知道她已經來了；就算她眞的來了，你根本搞不清楚她在講什麼，然後她就走了 —— 身穿晚禮服消失在夜色裡，只留下一股茉莉花香氣、一絲危險的感覺。

即使電子這麼不貼心，科學家還是一直追著它。他們問更多問題：「你跑得多快？你喜歡去哪裡逛逛？」正當電子把科學家們耍得團團轉時，海森堡這位科學界的新星（他養了個嬌縱的情婦，也就很習慣被耍），爲電子量身打造了「測不準原理」。按他的說法，如果你有辦法正確知道一個電子的動量或位置，你就無法正確找到剩下的另一個性質（當然，你還記得動量就是質量乘上速度，而且有方向性。）

爲了體會一下測不準原理有多詭異，想像一下在賽車場開著卡丁車和朋友們追撞的場景。如果你只知道其他小車的位置或動量，就無法完全掌握目前的狀況。喔，坐在藍色車子裡的是史考特！你可以看到他在哪裡，卻不知道他的車速多快、車子多大，也不知道往哪個方向，但他就是在那裡。嗨，是你，史考特！1 分鐘過後，你知道他的質量、用多快的速度向你衝來，卻搞不清他人在何處。距離 5 公尺？大概吧。碰！才不是呢，他就在你正前方。

海森堡堅稱，並不是因爲儀器不夠準確，所以無法同時找到位置和動量。他斷定，電子的本性就是無法同時擁有確切的位置與動量，還用了一條小小的公式表達這個想法，描述電子的運動。海森堡證明，如果能確定動量，位置就會變得不確定（這就是「不關你的事」的數學表達法）；如果他確定電子位置，就無法判定動量（同樣的，數學語言偷偷對著我們賊笑）。如果你找到其中一種性質，另一種就會讓你霧裡看花。這讓整個科學界看傻眼了：大家要的是答案！愛因斯坦爲此不太高興。他那句抗議十分有名：「上帝不跟宇宙擲骰子。」電子就這樣轉身離去，哈哈大笑，又再帶著不知方向與大小的動量跑掉，同時這世上最聰明的人們因求愛不成而懊惱，而且直到現在仍深受其害。

## 生活物理學：神祕感最迷人

我在想，路西鐸教練不見得知道他正在教導全班前所未有的最佳約會策略，不過我學到的大概就是這樣：如果你想吸引某人注意，試試像個電子一樣，讓其他人覺得你的行爲難以捉摸；只讓他們知道你在哪裡，可是不知道你在幹嘛，或是反過來也行。只能知其一，不能知其二。

基本上，從高一開始，我媽就是這樣教我的。她以前就說過，接電話的時候不可以顯出上氣不接下氣、急急忙忙的樣子，而是要練習平心靜氣地等鈴聲響過好幾下再接。我想把這種不在乎的態度進階到下個階段，沒想到剛好讓她玩得不亦樂乎。如果有男孩子打電話來，她會這麼回：

男生：嗨。克莉絲汀在家嗎？

媽：嗯，應該在吧。你是坦納嗎？

（請注意：我可不認識什麼坦納。）

男生：喔，不，我是史提夫。

媽：喔，嗨，史丹。

男生：史提夫。

媽：我看看她回來沒。她考完直升機駕駛執照後，還要去拍雜誌封面呢。

這時候，我就會在後面大笑，好像家裡有很多人來參加宴會似的，然後媽會把話筒拿開，說：「喔，妳來了，親愛的。有一個史都華什麼的打電話來。他是週末要跟妳去試鏡的那個鼓手嗎？」高中生都以為媽媽不會撒謊，更何況她還講得那麼自然，所以這招十分見效。我發現神祕感會滋養浪漫情調，更添注目程度。

反過來做的效果也很不錯。如果有個我沒興趣的男生苦苦糾纏，我就會跟他說我在安克拉治的壘球隊負責守右外野，順便讓他看看手上的疤、細說每個疤是怎麼來的——玩滑雪板跌倒、做飯時燙到。我想還用不著拿出嬰兒時期的照片，他的熱情早就被澆熄了。

謝謝你，電子，教我這麼寶貴的經驗：**過度暴露會扼殺浪漫，保持神祕則會滋養興趣。**

## 物理練習

一、拉塞福判定原子結構的方法，是把 $\alpha$ 粒子（等於氦原子核）對著金箔射擊，觀察折射狀況。如果原子裡的東西是「葡萄乾布丁式」的分布，$\alpha$ 粒子就會穿透金箔，落點也會均勻分布。大多數 $\alpha$ 粒子是這樣沒錯，但有些粒子卻被折射或直接反彈回來。假設你是拉塞福，請接受記者訪問，並問答下列問題：

A. $\alpha$ 粒子的帶電性如何？

B. 你的實驗當中，大部分 $\alpha$ 粒子怎麼了？爲什麼？

C. 爲什麼有些 $\alpha$ 粒子被折射或反彈回來？

D. 你覺得這結果有什麼值得驚訝的？

解答：

A. 由於它是不帶電子的氦原子核，而氦有兩個質子，所以 $\alpha$ 粒子的帶電性為 $2^+$。

B. 大部分 $\alpha$ 粒子直接射穿金箔，因為它們幾乎打不中金原子核。

C. 帶正電的 $\alpha$ 粒子剛好靠近金原子核（同樣帶正電），所以被彈了回來，或以某個角度折射出去。

D. 我很訝異原子裡除了原子核之外，到處都空空的，而且原子核非常小，密度非常高。

二、如果你喜歡的人傳簡訊來，可是對方沒有說明要幹嘛，或有什麼意圖，那該怎麼回簡訊？請以電子的立場思考，爲每個選項找一個神祕得剛剛好的理由。

A. 你在幹嘛？

B. 你今天穿哪一件？

C. 嗨。

D. :)

E. 你幾點在家？

F. 你在哪？

解答：

A. 想把舊金山和米蘭之間的時差背起來。

B. 防毒面具。我得走了，警報響囉。

C. 嗨。你哪位？

D. 不論如何，千萬不要只用表情符號回簡訊。如果有人對你有興趣，就應該像大男孩或大女孩那樣，用文字寫出來。

E. 等警察收完保釋金、把我放出來。

F. 這問題有很多超棒答案。我最喜歡的有：

a. 後臺。

b. 才剛過邊界。

c. 你也知道，我沒辦法跟你講那麼多（加上皺眉或眨眼的表情符號）。

# 20 尊重其他觀點：相對性

路西鐸教練再度談到牛頓。現在我覺得這位老兄已經成了老朋友，什麼事都可以回到他那裡找答案。這世界到處都是牛頓定律，因爲日常生活中每天都看得到它們。牛頓的理論是以對於空間和時間的合理假設爲基礎，很容易懂。首先，你可以在宇宙中選一個參考點，從那個點開始測量萬事萬物。至於這個點到底在哪裡根本無所謂，可以是地球的北極、太陽中心，或耶路撒冷還是衣索匹亞街上某個賣捲餅的小店。而且，不管發生什麼事，時間一直滴答前進著。 對大部分人來說，這聽起來比較像是合理的出發點。時間和空間都是可以預期的背景，而我們依此改變速度和位置。我們年紀漸長、每到一個新時區就要調整手錶，而且對空間和時間不會縮小、膨脹、變慢或變快保持信心。

時間和空間牢牢就定位，牛頓就能描述物體如何相撞、受力與加速、如何保持靜止、如何保持運動。每樣事都很理所當然。我們這樣做，因爲日常生活中確實是這樣沒錯。

愛因斯坦開始研究光和光速的時候，牛頓的宇宙觀就變得搖搖欲墜。剛開始，愛因斯坦的想法還十分單純。他十幾歲時所想的事情，就跟一般青少年沒什麼兩樣：什麼時候才有機會初吻？長大之後會成爲怎樣的人？如果騎著腳踏車跟一道光束一起前進，會是什麼感覺？

關於最後那個問題，要花更久時間才有辦法回答。愛因斯坦想像自己騎著腳踏車跟光束一起前進時，大家已經知道光速不會變，可以說是常數 —— 光的行進速度一直保持每秒 299792458 公尺（四捨五入就是 $3\times10^8$，雖然光速還比這個數字慢了一點點）。如果你是騎著腳踏車以光速前進的小愛因斯坦，當你經過朋友身邊時，朋友打開手電筒往你一照，兩者會以同樣速度往前直入無盡黑暗嗎？當你以光速前進的時候，你還未到達的前方是不是無盡的黑暗？

愛因斯坦在他的狹義相對論探討了這個假設狀況。到了這時候，他的工作從在光束旁邊騎腳踏車，變成思考坐在火車上，且火車朝光束前進或遠離光束的情況（如果你想看有關相對論的討論，可要準備好，有一大堆關於火車的事）。 我們之前感受到的相對速度是這樣子的：如果你坐在速度很快的火車上，遇到一群馬往反方向跑，這些馬通過車窗的速度，看起來會比火車靜止時快。如果馬匹的方向和火車相同，你就不會那麼快超越牠們，還可以趁馬匹從車窗前經過時，好好欣賞牠們飛揚的鬃毛。

從你在火車上的位置看出去，有幾件事跟你與馬匹的速度差有關：馬往哪個方向跑？馬跑得多快？火車跑得多快？如果是光的話，情況也相同嗎？如果我們對著光源前進，光束衝過我們身邊的時候，會不會比我們靜止不動時還快？如果我們遠離光源，光看起來是不是會變慢？

最後一個問題的答案是「不會」。光速是恆定的，如果你坐在跑得眞的非常快的火車裡遠離光源，它還是會以每秒 $3\times10^8$ 公尺的速度朝著你而來。如果火車向著光束而去，光速還是每秒 $3\times10^8$ 公尺。

所以，如果我們堅持：不管什麼情況下，光速都是一樣的，有些東西就必須讓步。光永遠以相同速度朝著火車而來，這在數學上說不通。愛因斯坦頂著一頭亂髮、轉著筆、獨自思索：不管觀察點在哪、不管觀察的人在運動還是靜止，速度就是距離除以時間。距離沒法拉長或縮短，時間也是。那麼光速要怎樣才能保持不變？或者……其實是可以的？如果時間在每個參考座標的運行速度都不盡相同，會怎麼樣？假設有個人以近乎光速的速度從你身邊飛過去，你看看手錶，發現它還是跟平常一樣滴答滴答走，可是當你看著他的手錶從你眼前飛過時，發現他錶上的秒針竟然動得比你的慢，那會怎麼樣？

這眞是太瘋狂了，不過這是事實，愛因斯坦是這麼認爲的。

沒錯。對於靜止的觀察者來說，隨著你搭乘的那列火車速度加快，時間就會慢下來，不管搭火箭或騎在小愛因斯坦的腳踏車上都一樣。牛頓那可靠的時間會爲了讓光速維持常數而有所調整。假設愛因斯坦拚命踩著踏板、想盡量追上光速，而你緊抓著他的外套不放，看在站著不動的人眼中，在你經過他們身邊的瞬間，他們會看到你的手錶變慢。

可憐的牛頓，談到重力的時候，他的理論也靠不住了。愛因斯坦提出另一種模型，而不是兩個物體彼此互相拉扯。大的物體（比如地球）會讓空間變彎，就像保齡球放在地毯上一樣，空間沉陷則使得較小的物體往凹陷處掉落。這跟牛頓的說法完全不同，根本就是大欺小的霸凌嘛。時間長度並非固定，空間還可以彎曲變形。拜託，這瘋狂有完沒完啊？

你的觀點並不是唯一正確的那個。雖然這消息對每個人來說都算是意料之外，可是對於高四的學生來說簡直是個晴天霹靂。在愛因斯坦的新世界裡，每個參考點都不同，而且都一樣有效。「我們必須尊重別人的觀點」，瑪麗修女上「畢業生生涯規畫」這門課的時候就說過了，但聽愛因斯坦那麼說更是讓我留下深刻印象。一切端看你身在何處、移動得多快、逼近你的物體有多大。萬物彼此依賴。真的是這樣。

## 物理練習

一、如果你所搭乘的火車以時速 80 公里朝光源前進，光對著你而來的速度有多快？

解答：每秒 $3\times10^8$ 公尺。

二、如果你所搭乘的火車以時速 80 公里遠離光源，光對著你而來的速度有多快？

解答：每秒 $3\times10^8$ 公尺。

三、如果你站在時速只有 4.8 公里的嘉年華會遊行花車上準備跳舞，光朝著你過來的速度有多快？

解答：每秒 $3\times10^8$ 公尺。還有，趕快換上舞衣！

### 試著做做看！

**愛因斯坦很有名的就是做了許多「思想實驗」，因爲根本不可能騎著腳踏車以接近光速的速度到哪裡去。我們也來做一個吧：如果你有個雙胞胎妹妹（沒錯，眞的有）搭著一艘華麗的單人火箭升空，過了幾分鐘又回到地球，那麼她會比你老，還是比你年輕？**

解答：因為你妹妹在火箭裡的速度非常快，相對於你來說，她離開地球的這段時間會比待在地面上的你短一點，她的手錶也就會比你的錶稍微慢那麼一點點。當她再回到地球時，一定會取笑你變得比她還老。

# 21 享受漫漫旅程：四種基本作用力

如果萬事萬物都習習相關，那它們是怎麼結合起來的？路西鐸教練手裡握著粉筆，站在教室前。我準備好要抄公式，鉛筆握在手中。然後，接下來的一陣靜默之中，我終於發現原來是教練在問我們這個問題。我們即將跨入濕滑難行的未知領域，教練要我們這群下個世代的思想家一起想想看，如何把至今學到的所有東西結合在一起。

藍道爾小姐上美國文學的時候也是這麼做。她不給答案，只鼓勵我們從指定閱讀的文本中，找出層層疊疊的意義。她讓我們自己思考，威利·洛曼（小說《一個推銷員之死》的可憐主角）爲什麼是個令人同情的推銷員，而詩人佛洛斯特筆下〈雪晚林邊歇馬〉中的小樹林爲何也不是安靜休息的好地方？至於教練的課，比起藍道爾小姐可說是有過之而無不及，他對我們下了戰帖，要大家把答案找出來。

## 四種作用力

這項挑戰牽涉到什麼？我們知道，宇宙裡有四種基本作用力：**重力、電磁力、強交互作用力以及弱交互作用力**。前兩種即使相隔距離遙遠，還是感受得到；我們和地球距離越遠，受到地球重力的影響越小，但它還是在。電磁力也是如此。至於後兩種力，強交互作用力和弱交互作用力，倒是有所不同。它們只會在非常接近的範圍內產生影響——原子的核心部分。

我們以爲，重力是四種力之中最強的。從小到大，我們學習走路、騎腳踏車、雙人滑冰，已經培養出對重力的敬畏。我們集中精神，產生有益的恐懼，努力不讓自己跌倒。「對重力要心存敬意」的想法早就深深植入我們身體。

我們不太會想到電磁力，除非是玩廚房磁鐵和便條紙夾的時候。即使如此，如果問我們哪種作用力最強，大家還是很可能會很大聲回答「重力」。不只是因爲你對這答案很有信心，而且也怕萬一惹重力不高興，它待會兒可能就會害你摔下樓梯。雖然重力在生活中扮演令人害怕的角色，但事實上，電磁力和交互作用力都比它大得多。即使是「弱」交互作用力也比重力要強。

還記得 G 先生說過，原子核和電子之間的那片空間嗎？將電子留在那裡的力量是電磁力。雖然帶負電的電子狂野成性，喜歡動個不停，但有了電磁力，原子核和電子才會靠在一起；正因爲它們靠在一起，才會有原子。如果沒有電磁力，就不會有原子、沒有物理和化學課……也就沒有宇宙了。

這眞的太奇怪了，對吧？我們不如換個方法來搞懂該如何比較電磁力和重力的強度。下次出門旅行，當你往飯店床鋪飛撲而去，想試試它牢不牢固的時候（大家都會這麼做嘛），請稍微想一下：你爲什麼不會直接穿過床掉下去？你從房門口就開始助跑，在半空中飛起，你身上的原子（幾乎空無一物）撞上床鋪的原子（也幾乎空無一物）。那麼，撞在一塊後爲什麼還能讓人很滿意地彈起來？爲什麼你不會穿透床鋪掉到地上？同樣的道理，你爲什麼不會穿透腳下的地板？ 原子間彼此互斥的電磁力必須爲撞擊負責。你身體裡的原子雖然幾乎空無一物，但無法穿透床鋪的原子，因爲床鋪的原子中帶有質子，它們才不想接近你身體裡的質子。

在這個例子裡，電磁力比重力還要強。原子裡幾乎空無一物（除了原子核和小不拉嘰的電子），但原子之間卻以磁力使勁互推，所以你的手不會穿過牆壁或水泥。下一個問題又來了：這些帶正電的質子要怎麼全都擠在原子核裡？

碳有六個質子，全都擠在原子核裡取暖。如果電磁力那麼強，爲什麼它們不會把彼此推開呢？這下輪到強交互作用力發揮功能啦，它以無比堅定的決心把原子核裡的質子與中子緊緊黏在一起。

至於弱交互作用力，正如它的名稱，雖然沒有強交互作用力那麼大，但仍然相當重要。簡單來說，它會引起 $\beta$ 衰變，所謂的 $\beta$ 衰變就是原子核內的中子變成質子，並發射出電子（或它的表親——正子）的過程。反過來說，把電子抓進原子核裡稱爲「逆 β 衰變」。不懂這些東西沒關係，只要知道，沒有弱交互作用力，太陽就無法利用核融合發光。

四種基本作用力當中，強交互作用力是老大，接下來是電磁力，然後是弱交互作用力，最後的最後才是重力。問題的挑戰在於我們要找到一個理論——一個萬有理論，不僅能幫助我們了解並預測四種作用力中的某一項如何運作，還要弄懂它們是怎麼合作的。

直到死前，愛因斯坦都在研究一個統一理論，想把他對電磁力與重力所了解的一切全部整合起來。物理學家至今仍在研究統一理論。目前領先的是弦論，它提出難以想像的小迴圈和弦，並且在好幾個維度中振動。

我們願意相信眞的有這類理論，至少在某個瞬間，也許是宇宙誕生的第一秒，所有作用力都平等共存，而且我們知道這些作用力如今仍彼此糾纏。眞是奇怪，我們怎麼那麼有信心？爲什麼我們如此確信人類可以弄懂宇宙和它的作用力？我們怎麼知道人類的頭腦能夠解開謎團？我們期待宇宙能給我們一個合理的解釋，可是我們的理解力是不是已到了極限，就像狗兒盯著割草機看，想了解那是怎麼一回事？再說，我們怎麼知道何時才算「萬有」？今天我們以爲的萬有理論，說不定會在一百年後變得古怪而褪流行。

我們繼續思考。無法忍住不想。我們受到各種小小的勝利鼓舞：人造衛星、屋內水電配管，以及塡滿卡士達內餡的甜甜圈。時至今日，我們仍沒有一個大一統理論，但至少對眞理有一點點理解。

很多人宣稱自己已經找到答案，但「就差數學公式」；這好像在說自己絕對能奪得奧斯卡獎，只要寫好劇本、找到演員、拍攝、剪輯⋯⋯除此之外，一切都就緒了。數學公式是需要仔細推敲出來的，並不只是嘮嘮叨叨地講一大堆細節。數學是宇宙通用的語言。

正在做很困難的工作時，我們最討厭有人在一旁說：「好好享受吧。」那些人說的沒錯，最美好的事情總是發生在通往目標的道路上。我們利用數學不斷嘗試、不斷失敗，卻在過程中變得更聰明，足以製造出電晶體和電腦晶片。通往完美的途中，仍有許多收穫和可以留下的東西。在搞清楚原子爲什麼有質量、宇宙爲什麼存在、如何用心電感應點菜外帶之前，還有好多需要了解的地方。說不定，當我們試圖找出四種作用力的彼此關係時，還可以順便發現有什麼辦法能完成特斯拉當年的無線傳送電力計畫。

就像佛洛斯特筆下的那位旅者，雪林並非終點。在可以休息之前，我們還有好長的路要走呢。

後記

# 和宇宙定律一起跳舞吧

我高中畢業那天，查克爲了拍照，整個人站在椅子上，媽只是笑著對我聳聳肩，意思是「我也沒辦法啊」。我的計畫是先念一個工程學位，再找份工作負擔家計，讓查克可以去拿他的工程學位。

我想像自己和查克通電話，討論興建電廠的事情，還在享用感恩節大餐的時候，熱烈爭辯抑制振動的方法。

計畫的第一部分進行得相當順利。我上大學，認眞讀機械工程學程，還把成績單寄給媽和查克看，讓他們知道我的學業進展。

查克會打電話來，問問我上課的事情，當我讀不通燃燒循環或電路的時候，他還可以幫上忙。我畢業時，他對我說：「孩子，這世界都在妳掌握之下呢。」十天後的清晨五點，媽媽打電話來，說查克過世了。他是負責維修船舶的工程師，船靠岸的時候，查克會帶著手下把它整理整理，準備就緒後再開回阿拉斯加。結果發生一場大火，除了查克和另一名工作人員外，其他人都逃了出來。查克才四十歲。

我在床上輾轉難眠，夢到他跟我說明時間如何彎折，而我需要幫助時，他會來助我一臂之力，在黑板上畫圖跟我解釋，就像愛因斯坦一樣咧嘴而笑。在夢中，他已經找到方法運用物理定律陪伴在我身邊——我唯一還能相信的，就只剩那些定律了。

多年後，我穿著灰色高跟鞋和V領洋裝走在高中校園裡，覺得自己老了好多。當畢業班身著畢業服，排成一列魚貫前進時，查克就是站在這裡爲我拍照。我回母校是來參加就業博覽會，艾蓮諾修女請我來跟學妹們談談工程學。

同學們穿著花格裙、藍毛衣，聚集在我桌前，很有禮貌地問我問題，好完成她們的生涯探索作業。

「妳喜歡自己的職業嗎？」

「妳對想進入那個領域的人有沒有什麼建議？」

「我現在應該修哪些課做準備？」

我談到收入、工作穩定度、基礎數學知識之類的，回答種種提問。我對她們說，自己的想法受人尊重、可以在世界各地工作、能夠解決實際的問題……那是多棒的事啊。

等學生們都回到班上，艾蓮諾修女帶著我們來個校園巡禮。我聽其他人說過，回到高中校園時，會覺得那地方好小、好邋遢，但我的感覺卻正好相反：磚造的內院穩重而可靠、陽光充足的草坪充滿生機、白色柱子閃閃發亮，還隱約發出低吟。我在這裡發現自己的信仰——倒不是什麼芥菜籽、無花果樹，或是《新約》的這個瑪利亞和那個瑪利亞，而是對美好又精確的運動定律、能量定律、重力定律深信不疑。

走在校園裡，女孩們抱著書從我們身旁走過，嘰嘰呱呱地講個不停。我多想攔住她們，對她們說：「聽著，這眞的很重要，我也知道現在要妳們相信是很不容易的，可是總有一天，妳會遇到傷心事。也許父母會在妳還需要他們照顧的時候撒手人寰，也許妳第一份工作就犯了個愚蠢到家的錯誤，還躲在廁所偷哭。沒有什麼事能完全照著計畫走，因爲生命是測不準的，所以妳需要有個能『百分之百確定』的東西。認眞學習、了解世界的構造和作用力，因爲當妳必須勇敢、堅強、聰明的時候，需要有個堅實穩固的踏腳石。**即使妳不會成爲工程師或科學家，還是要學著像那些人一樣思考。**

「堅守現實，不要依靠想像；接受交期與經費的限制，以及種種現狀；拒絕別人的時候，妳的頭腦要跟接受重力、運動，能量等定律時一樣清楚。

「如果做得到，妳的能力就會越來越強，妳就有辦法強而有力、問心無愧地在自己所選擇的任何領域裡出人頭地。」

我想說的其實就是這些，但還是靜靜聆聽艾蓮諾修女的解說。她帶大家去看新體育館的預定地。她張開兩手、站在草坪上，高聲宣布說希望能在退休前有新泳池可以用。「身、心、靈全方位！我們可不能忽略身體的鍛鍊！」我眞的很幸運，高中時念的是世俗而踏實的聖若瑟修女會所辦的學校，更幸運的是能在物理定律中找到歸宿。現在，只要看到物理定律在日常生活中發揮作用，我就有種感覺，彷彿看穿了這世界的祕密。

自然並不會讓人覺得受到威脅，它就如同我們的一分子——激烈、美麗、聰明。這世界是個龐然大物，擁有壓倒一切的能力，但如果你能把它提煉成基本的定律，就有辦法應付。

別想對抗物理學。**你的確很獨特，但仍無法置身宇宙定律之外。**它們比你還大。你呱呱落地的瞬間，重力、運動和能量的設定鈕全都固定在某個特定位置了，既然你不能亂動這些設定，那又幹嘛要試？何不記下它們的位置，配合這些先決條件？何不將你對現實世界的認識，應用在個人生活？也許你以爲自己需要的是更多運氣、更棒的外型，或是生在更有錢的人家。可是現在的你已經懂事。你所需要的每樣東西，都已存在於日常生活中。原子、重力、能量、動量，甚至是詭異的熵，都不會在一夜之間改變遊戲規則，讓你嚇一大跳。它們時時刻刻都跳著相同舞步。如今你已經學會那舞步，所以，一起來跳吧。

Eurasian Publishing Group 圓神出版事業機構 用心與你對話・視野無限寬廣 究竟出版社 Athena Press

www.booklife.com.tw　reader@mail.eurasian.com.tw

科普 44

# 物理才是最好的人生指南：讓你變聰明、變強大的宇宙自然法則

Physics for Rock Stars: Making the Laws of the Universe Work for You

作　　者／克莉絲汀・麥金利（Christine McKinley）
譯　　者／崔宏立
發 行 人／簡志忠
出 版 者／究竟出版社股份有限公司
地　　址／臺北市南京東路四段50號6樓之1
電　　話／（02）2579-6600・2579-8800・2570-3939
傳　　真／（02）2579-0338・2577-3220・2570-3636
副 社 長／陳秋月
副總編輯／賴良珠
責任編輯／歐玟秀
校　　對／歐玟秀・林雅萩
美術編輯／李家宜
行銷企畫／陳禹伶・林雅雯
印務統籌／劉鳳剛・高榮祥
監　　印／高榮祥
排　　版／杜易蓉
經 銷 商／叩應股份有限公司
郵撥帳號／18707239
法律顧問／圓神出版事業機構法律顧問　蕭雄淋律師
印　　刷／祥峰印刷廠
2025年6月　初版



定價 330 元　ISBN 978-986-137-481-9

請把自己放在第一順位，思考該如何盡量讓自己舒服。
請好好照顧自己，這件事沒有誰能比你做得更好，
也沒有人比你更願意付出。
——《貓是最好的人生教練：掌握貓特質，讓你活得自信、自由、自在》



國家圖書館出版品預行編目資料

物理才是最好的人生指南：讓你變聰明、變強大的宇宙自然法則／克莉絲．麥金利（Christine McKinley）著；崔宏立 譯 .-- 初版 .
-- 臺北市：究竟出版社股份有限公司，2025.6
256 面；14.8×20.8 公分 -- 科普；44）
譯自 Physics for rock stars : making the laws of the universe work for you.
ISBN 978-986-137-481-9（平裝）

1.CST：物理　2.CST：通俗作品

330　　114004487